本村伸子
MOTOMURA Nobuko

シッポの「願い」

聞こえていますか？　犬猫の声

文芸社

はじめに

2000年5月に『ペットを病気にしない』を出版して以来、20年の歳月が経ちました。

出版当初は、色々な意見をもらいました。

犬や猫に「骨付き生肉」を与えるなんてあり得ない。

危険だ！　細菌感染が起きたらどうするのか！　骨が刺さる！

市販のペットフードが一番栄養豊富でバランスが取れている。

ワクチンは毎年接種すべきだ！

特に仲間であるはずの獣医師からは散々なことを言われました。

しかしながら、20年という年月の中で、飼い主さんたち、そして一部の獣医師の意識が変わってきて、「毎日同じフードでも良いのか？」、「なぜ毎年ワクチンを接種する必要があるのか？」など今まで受け入れてきた常識に対して疑問を抱く方々が出てきました。

また、各地で開催してきたセミナーを受講されてきた方の中には、「ありがとうございました。お陰さまで、17歳で天寿を全うしました。もう1頭も15歳で元気です」などという言葉をいただく機会が多くなりました。

私自身、20年前を振り返ると、様々な知識をつなぎ合わせただけだったので、正直なところ自信よりも不安のほうが大きかったかもしれません。手探りの状態で始めた手作り食ですが、やはり市販のペットフードを与えるよりもはるかに体に与える影響は大きく、病気になりにくい、まさに「ペットを病気にしない」ことが体験できた20年間でした。

この20年間の歳月の中で、2頭のラブラドール・レトリーバーを看取りました。

イエローの「ムギ（1999.1.26～2015.7.17）」

と、

ブラックの「コト（2002.11.15～2019.5.9）」。

2頭とも16歳半までその生を全うしたと思っています。

この2頭の前に飼っていたラブラドールのフレンド（1987.10.27～1998.8.7）は、11歳まで生きることはできませんでした。

フレンドは5歳でガンを発症し、11歳を目前に亡くなりました。

何が違ったのか？

その違いを探りパズルを組み合わせて、筆者なりにたどり着いたのが、
食事についてきちんと個体ごとに考えること。

できるだけ混合ワクチンやノミ・マダニ予防薬などの化学物質を投与しないこと。

ストレスを考えること。

自然（土や風）との触れ合いを大切にすること。

もちろんこれ以外に遺伝的な問題などもありますが、トータルで考えると前述のようなことを心がけることが病気にさせないポイントなのではないでしょうか。

健康で元気にいつまでも一緒にいたいという気持ちは、どの飼い主さんも同じです。

私も獣医師である前に、ひとりの飼い主として犬たちにはいつまでも元気で私たちのそばにいてほしいと思っています。

11歳を目の前にして亡くなったフレンド。

食事の大切さを教えてくれたムギ。

犬の本質を教えてくれたコト。

そして、現在そばにいる2頭の犬。ナイトとノーム。

彼らは犬である前に私の師でもあります。

本書は、この20年の年月の中で犬や猫たちが教えてくれたたくさんの宝物が詰まった、今までにない犬と猫の飼い主さんたちのための本となっています。

シッポの「願い」聞こえていますか? 犬猫の声 ◎目次

第4章　犬と猫の栄養学　75

第5章　餌と言わない　103

第1章
猫とネズミの関係を知る

犬と猫は肉食動物です。

この本の中において最も重きを置いているのが、この点です。同じように肉を食べてきた犬と猫ですが、各々の進化の過程において環境が変わったり、獲物を獲得する方法が異なったりすることで、ちょっとずつ変わっていきました。

群れを作った犬の仲間たちは、いつも飢えていました。そのため、食べられる時に大量に食べる習慣ができました。単独で狩りをする猫の仲間たちは、自分たちの体よりも小さな獲物を食べていました。かつては猫がネズミを狩るのは当然のことだったのです。

犬と猫は食肉目

犬と猫の元々の祖先は同じです。

およそ6500万年前にヨーロッパから北米の森林に生息していた最古の哺乳類が彼ら

の祖先です。「ミアキス」と呼ばれ、現在の猫よりも少し大きめで細長い胴体や長い尻尾などからイタチに似ていたとも言われています。森の中では鳥類や爬虫《はちゅう》類を主に捕食していました。ミアキスは、森から草原へと進出したものと森の中にそのまま残るものに分かれました。

草原へと飛びだしたものは、犬の仲間です。草原はあまり食べ物が豊富ではなかったので、いつもお腹が空いていました。獲物を獲得するためには、長距離を走れる持久力が不可欠になりました。そのため、長い足が必要になりました。さらに、大きな獲物を狩れるように集団を作りました。

森に残ったものは、猫の仲間のヤマネコ。森の中には食べる物が豊富にあったので、好きな時間に好きなだけ食べるように進化しました。その後、森から出て砂漠で暮らし始め、リビアヤマネコへと進化しました。

このように二手に分かれた犬と猫ですが、両者とも肉食動物です。

犬と猫は、「食肉目」に分類される、肉を食べる哺乳類です。食肉目の特徴は、「裂肉《れつにく》

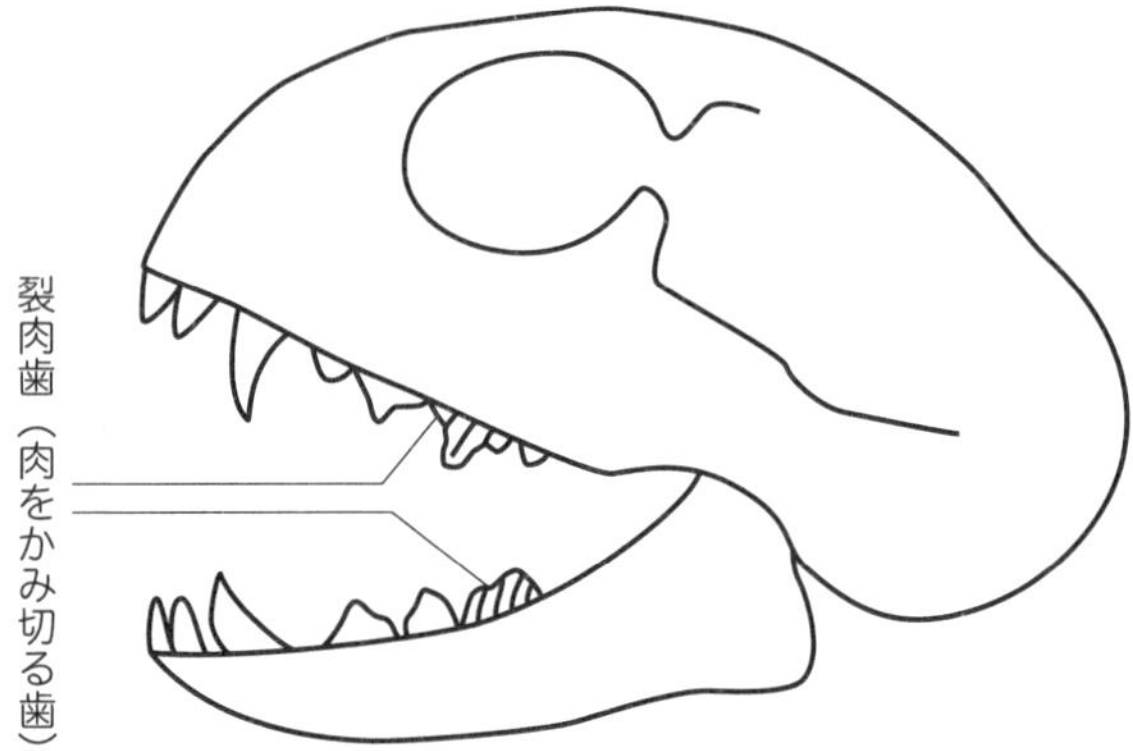

図1　猫の顎

歯《し》」と呼ばれる大きくて尖《とが》った形状の歯を持つことです。硬い肉を引きちぎったり、骨を噛み砕いたりするために用いられる歯です。上顎の最後方の前臼歯が、下顎では最前方の後臼歯が、最も大きいのです。草食動物の臼歯は、草をすり潰すので尖っておらず、すべてが広くて平らになっています。

食肉目から犬はイヌ亜目、猫はネコ亜目にさらに分類されます。

イヌ亜目は3つに分かれて、そのうちの1つがイヌ科になります。

ネコ亜目はハイエナ科やジャコウネコ科など6科に分けられ、猫はネコ科になります。

イヌ科の動物の特徴は、持久力があり、長

距離を走ることができることです。獲物を群れでずっと追い続けます。自分たちの体よりもはるかに大きな獲物を襲い、体重の約10％～20％もの量を食べることができます。一度に大量の食事をするため、食事と食事の間隔が空きます。また、飢えをしのぐために死肉を食べることもあり、腐った肉も食べます。

オオカミを例に見てみると、体重はオスの成獣で30～80kg。

野生の鹿、バイソン、ヘラジカなどの大型の反芻《はんすう》動物を主に食べますが、小型哺乳類、無脊椎動物、鳥なども食べています。場合によっては、ベリーなどの果物も食べます。

ネコ科の動物の特徴は、瞬発力を活かした狩りをすることです。長距離を走るのではなく、待ち伏せをして獲物に飛びかかって狩りをします。猫たちにオモチャを見せた時の猫のポーズを思い起こしてみてください。また、犬に比べると猫の足の長さがちょっと短いのも、獲物に飛びかかりやすいからです。ライオン以外は群れを作らず、基本的に単独で行動をします。小さな獲物をその都度狩りをして食べる習慣があったので、新鮮で温かい食材を好みます。

ネコ科のカナダヤマネコを例に見てみると、体重は7～18kg。

主に野ウサギを食べます。その他にもリス、ビーバー、鳥なども食べます。野ウサギの数が少ない時には、鹿や大型のカリブーまでも食べます。

犬と猫は肉食動物ですが、進化の過程で犬は色々な物も食べられる雑食性を持つ肉食動物、そして猫は肉に依存した完全肉食動物へと変わっていきました。

犬と猫の違い

犬と猫は肉食動物ですが、微妙に体の構造や栄養素の要求が異なります。

■歯の数

犬と猫の顔を見比べた時、猫のほうが犬よりも鼻面が短いと感じるでしょう。この顔の違いは歯の数が違うからです。歯の数は猫のほうが少なくなります。切歯と犬歯の数は同じですが、臼歯、いわゆる奥歯の数が圧倒的に少ないのです。

次に犬と猫の歯式（上下片側）を記載します。

	切歯	犬歯	前臼歯	後臼歯	合計
犬	3/3	1/1	4/4	2/3	42本
猫	3/3	1/1	3/2	1/1	30本

肉食から食性の幅の広い雑食動物になるほうが、後臼歯が発達します。犬のほうが臼歯、特に後臼歯の数が多いことからも、肉以外の食材も食べられることがわかります。猫の上顎の後臼歯は非常に小さく、すり潰したりする働きはありません。

飼っている犬猫の歯を見てみると、よくわかるでしょう。

■味覚

舌には味を感じる「味蕾《みらい》」と呼ばれる感覚器が存在します。人には９０００の味蕾が存在します。犬は１７００、そして猫は４７０。圧倒的に数が少なくなりますが、数は関係ありません。甘味、苦味、酸味、そして塩味を感じる受容体が存在します。

犬には甘味を感じる味蕾がありますが、猫にはほとんど存在しません。犬はショ糖や果糖などの甘味を感じることができるので、甘いものが大好きです。猫は甘いものには無関心ですが、プロリンやグリシンなどの甘いアミノ酸には犬も猫も反応します。

有害な物質が入っているかどうかを認識するために、苦味は猫にとってはとても大切です。また、レモンやお酢に含まれるクエン酸などの酸味も猫は苦手です。

草食動物や私たち人間とは異なり、犬も猫も塩味に対する感受性は欠けています。肉、特に血液中にはナトリウムが豊富に含まれるので、動物性の食べ物を口にしていれば、自然に塩分のバランスは取れるので、感度があまり発達しなかったのでしょう。その分、水に対する感受性はとても高いです。

猫はとても味にうるさいために、食事で悩んでいる飼い主さんは多いでしょう。特に離乳期に味の好みが決まると言われていますが、猫は味覚よりも嗅覚を頼りに食べ物を選ぶことがわかっています。猫では「ヤコブソン器官（鋤鼻器《じょびき》：フェロモンを感知する）」と呼ばれる嗅覚器から食べ物のにおいを感じていることが知られています。猫に温かい食事を与えることが大事になるのは、温めることでにおいも強化されるからです。冷蔵庫から取りだしてすぐの冷たい肉は、猫にとってはあまり魅力的ではないのです。

■唾液のアミラーゼ

消化のスタートは「口腔《こうくう》」からです。私たち人間が食べ物を口にすると、唾液の中に含まれるアミラーゼと呼ばれる糖質を分解する消化酵素が分泌されます。お米などのデンプンが豊富な食べ物をよく噛んでいると（唾液と混ざる）、甘味が増すのはそのためです。

少し前までは、犬と猫の唾液の中にはこのような消化酵素アミラーゼを含まないと言われてきましたが、最近の研究では一部の犬ではアミラーゼが見つかっているという報告もあります。このことからも、犬はオオカミなどとは多少消化構造が変化してきているのは明らかです。しかしながら、私たち人間とは異なり、噛むという行為はほとんどないため、あまり意味はないと思われます。

■腸の長さ

体長が同じであれば、小腸は猫よりも犬のほうが2倍ほど長くなります。犬猫ともに、大腸はあまり発達していません。小腸と大腸をつないでいる「盲腸」は、犬のほうが容積も大きく、消化しにくい食物繊維を微生物によって発酵・分解させています。猫は虫垂（盲腸の先にあるヒモ状になったもの）の痕跡が認められるだけです。このことからも犬はある程度の繊維質を消化することが可能です。

■空間の認識

キャットタワーというものがあるのをご存じでしょうか？　痕跡ではありますが猫には鎖骨が存在します。この鎖骨が存在するおかげで、猫は木に登ることができます。犬には鎖骨がありません。なので、木には登れません。猫は3次元で空間を認識しますが、犬は2次元です。猫は高いところが得意ですが、犬は苦手です。元々高所への適応がありません。

■アミノ酸のタウリン

タウリンは、猫を飼っている方であればキャットフードの袋に書かれてあるこの文字を見たことがあるでしょう。タウリンは植物には含まれませんが、肉や魚などの動物性の食べ物には豊富に含まれます。犬はこのタウリンをその他のアミノ酸であるメチオニンやシステインを使って体内で合成することができます。猫はタウリンを作るための酵素が少ないので、タウリンは猫にとっては必須のものとなります（タウリンの詳細については24ページをご参照ください）。

■ビタミンA（レチノール）

ビタミンAの中で、動物由来のものをレチノールと呼び、肝臓などの内臓に豊富に含まれます。元々植物に含まれるαカロチンやβカロチン（プロビタミンAとも呼ぶ）を草食動物が摂取すると、小腸の吸収上皮細胞と呼ばれる場所で分解されてレチノールになり、肝臓に蓄えられます。完全肉食動物である猫は、ビタミンAを自分で作らなくても、草食動物の肝臓などの内臓を食べることで摂取することができます。そのため、この変換するための能力がありません。しかしながら、雑食にやや傾いている肉食動物である犬は、この能力を備えています。

犬と猫に見られるこれらの違いは、犬がやや雑食性に傾いているからです。一方、猫は完全肉食動物なので、その食の多くを肉に依存しています。

この本の中では、何度もこのことに触れます。

猫に泌尿器系疾患が多い理由

猫を飼われている方は、腎臓や尿路系疾患に対していつも心配しているのではないでしょうか。猫たちに多く見られる泌尿器系の問題には理由があります。その理由をきちんと理解して、育てることが大切なのです。

■合成タウリン

犬とは異なり、猫はタウリンを作るための酵素が少ないことはすでに説明をしました。そして、キャットフードにはこのことを考慮して合成タウリンが必ず添加されています。

ちょっと覚えておいてほしいのが、ある臓器にある特定の成分が豊富に含まれている場合は、その臓器が適切に働くためにはその特定の成分が欠かせないということです。例えば、心臓には「カルニチン」と呼ばれる成分が含まれます。カルニチンは、脂肪からエネルギーを得るためには必要な成分です。心臓は血液を全身に流すというポンプの役割をしているので、大量のエネルギーを必要とします。心臓にカルニチンが豊富に存在することで、効率よく心臓を動かすことができるのです。

実は、腎臓にはタウリンが豊富に含まれているのです。腎臓が働くためにはタウリンが欠かせません。ネコ科の動物たちは、生の肉や内臓を食べることで天然のタウリンを取り入れることができます。キャットフードには合成のタウリンが添加されて販売されています。年間5000～6000トンのタウリンが作られ、そのうちの半分がペットフードに使われています。多くのタウリンは中国で作られています。

では、合成のタウリンは、天然のタウリンと同じように腎臓の働きをサポートするのでしょうか？　残念ながら、答えは「NO！」です。合成の場合は、ちゃんと腎臓の働きをサポートできないという意見が多いです。そして、この合成タウリンを摂取することも猫の腎疾患を増やしている大きな原因だと言われています。

■混合ワクチン

猫の3種混合ワクチンは、病原ウイルスを「培地」の中で増殖させて作られます。ウイルスは生きた細胞の中でしか増殖することができないので、生きた細胞が必要になります。培地には猫の腎細胞が使われることが多いです。これらの腎細胞はワクチンを接種することで猫たちの体に入ります。腎細胞は猫にとっては異物なので、それに対する抗体を作ります。毎年、毎年接種することで、どんどん抗体は作られていきます。猫の免疫は自分自身の腎臓との区別がつかなくなるために、間違って自分の腎臓を攻撃するようになります。
こういった意味でも、頻繁に混合ワクチンを接種することはおすすめできません。

■水分不足

家猫の起源は、砂漠にすむリビアヤマネコだと言われています。元々砂漠に住んでいたので、体外への水分の排泄《はいせつ》を制限するため、少量で濃度の高いオシッコをします。また、本来獲物に含まれる水分を利用してきたので、犬に比べて喉の渇きへの脳の反応が悪いこともわかっています。生肉に含まれる水分は平均で60％ほどです。獲物を捕らえて、そこから水分を補給して、生きてきたのが猫という生き物です。

しかしながら、ドライのキャットフードには、10％しかその大切な水は含まれません。元々猫は水をあまり飲まないので、ドライのキャットフードには塩分を添加して猫が積極的に水分を取るような工夫がなされています。ドッグフードとキャットフードを食べ比べるとその塩分の違いに気付くでしょう。ただし、ペットボトルの水や水道水は、飲んだとしてもすぐに尿として排泄されてしまうだけです。生肉に含まれる水分は、猫たちの体のひとつひとつの細胞に染み渡るので食べ物で水分を補うのがベストと言えます。

■フードの放置

草原に飛びだした犬の仲間は、食べられる時に食べなくてはいけないので、ドッグフードを放置するケースは少ないかもしれません。猫を飼っているお家に行くと、キャットフードがお皿に入った状態で置きっぱなしになっているのをよく見ます。単独で狩りをしてきた猫の仲間は、カロリーの低い小型の哺乳類を1日に何匹も食べてきました。その習慣が残るために、キャットフードを全部食べることはしません。そのため、いつでも食べられるようにフードが置きっぱなしになっています。

フードをいつでも食べられる状態にしていると、体の中では何が起きるのでしょうか。

・猫たちの脳は無意識にフードのにおいを感知して、消化の準備を始めます。消化は最もエネルギーを使うため、体に負担をかけることになります。

・消化の準備を始めるということは、胃では胃酸が分泌されます。胃酸の成分であるH^+が胃に集中するので、尿のpHがアルカリ性に傾きやすくなります。一日中この状態が続くと、猫で問題となる「ストルバイト結石」になりやすくなるでしょう。

■無機リン

腎臓の働きのひとつにリンの濃度を一定に保つ調節機能があります。そのため、腎臓の機能が低下すると、リンの調節ができなくなって、高リン血症になり、食事のリンを制限する必要がでてきます。また、リンの摂取量が少ないほうが、寿命が長くなることもわかっていますので、リンの摂取については気をつける必要があるでしょう。

天然の食材に含まれる有機リンの吸収は、植物性では20～40％、動物性では40～60％前後です。市販ペットフードに使われる様々な添加物であるpH調整剤、乳化剤、膨張剤、リン酸塩などの無機リンは、腸から90％が吸収されます。添加物が多くなれば多くなるほど、吸収されるリンの量が増えます。特にオヤツには乳化剤や膨張剤を含むものが少なくありません。猫の健康を考える時、無機リンについても気にしてあげましょう。

前述の事柄だけが腎疾患の原因ではありません。特にトイレの問題はとても大切です。人間の泌尿器系の問題でも心理的なストレスが原因のひとつだと言われています。これは猫においても同様です。トイレの数が足りなかったり、汚かったりすることで、猫にストレスをかけてしまい、結果的に腎臓に負担になるケースもあります。

この章では、犬と猫の成り立ちと違いについて解説をしました。進化の過程を理解すると、彼らが示す行動の意味がわかってきます。その意味が十分理解できると、飼い主として何をすべきかが見えてきます。

第2章

生体販売のペットショップの現実

アメリカ・ニューヨークへ行くと、私が必ず立ち寄るお店があります。入り口を入ると、生肉を販売するための冷蔵庫や冷凍庫が置かれています。奥にはところ狭しと棚にたくさんのサプリメントが並んでいます。そして知識が豊富な店員さんに、病気やサプリメントの質問をすると30分近くも一生懸命に説明をしてくれます。

店内を見渡しても、人工的な光を浴び続ける小さな命を目にすることはありません。小さなお店だけでなく、大手のペットショップであっても、置いてあるのはフードやオモチャ、身の回りの物だけです。生体の販売は、保護施設に預けられていた猫の里親を募集するために数頭の猫がいるだけです。犬に関しては、紹介をする資料があるだけです。

カリフォルニア州では、避妊去勢をしていない犬や猫を飼っている場合には税金が高くなります。また、2019年には、同州においてペットショップでの生体の販売（保護された動物を除く）が禁止されました。

日本もそろそろ動物に対して、先進国から学ぶべき時期に来ています。

殺処分ゼロの意味を考える

様々な自治体で犬と猫たちの殺処分をゼロにする取り組みがなされています。しかしながら、このゼロという数字の裏には看過できない問題が隠されているのです。

■殺処分数の経緯

２０１８年の日本国内での犬と猫の飼育頭数は、
犬が８９０万３０００頭。
猫が９６４万９０００頭。
合計で約１８５５万２０００頭です。猫ブームにより猫の飼育頭数が増える傾向にあります。

２０１８年に繁殖されてペットショップなどで販売されたのは、約89万６０００頭です。犬が69万６０００頭、猫が20万頭です。猫を飼う方が増えてはいますが、繁殖される数は、犬のほうが3倍以上です。そして、繁殖からペットショップで販売されるまでの間におよそ2万6000頭が何らかの理由で死んでいます。

では、殺処分数の流れを追ってみます。

動物愛護管理法が施行された直後の1974年の犬と猫の殺処分数は、犬が115万9000頭、猫が6万3000頭で、合計が約122万頭でした。持ち込まれた犬と猫（125万頭）の97・7％が殺処分され、2・3％が返還・譲渡されました。46年前は持ち込まれるのは犬がほとんどで、ほぼすべてが殺されていたのです。

猫はその年度によって異なり増減を繰り返していますが、犬は著しく減っていて、2001年には持ち込まれた数が逆転しました。

少し進んで、2006年の傾向を見てみましょう。

犬と猫の殺処分数は、犬が11・3万頭、猫が22・8万頭で、合計が約34・1万頭でした。持ち込まれた犬と猫（37・4万頭）の約91％が殺処分され、8・9％が返還・譲渡されました。1974年と比べると、犬の殺処分の頭数は激減していますが、逆に猫は増えています。この増加は子猫です。避妊手術をされずに、子猫を出産し、へその緒がついたままで保健所に連れてこられた子猫も多くいました。

飼い主さんの意識と法の整備なども進み、２０１８年にはずいぶんと変化しました。犬が約８０００頭、猫が3万頭で、合計が約３・８万頭でした。殺処分率は41％で、持ち込まれた犬と猫（９・１万頭）の半分以上が譲渡されました。

この殺処分の内訳を見てみます。

犬が約４分の１、猫が約４分の３です。40年ほど前までは犬のほうが圧倒的に猫よりも多かったのですが、近年は保健所に持ち込まれるのは、猫のほうが多いのです。そしてそのほとんどが離乳前の子猫（持ち込まれる猫の約66％）です。殺処分された猫3万頭のうちの約2万頭がやはり子猫でした。それもほとんどが所有者不明だったのです。

数字だけを追うと、劇的に変化はしています。子猫の持ち込みをなくせば、本当に少なくなるでしょう。ところが、ここでちょっと目線を変えてみると、別の問題が見えてきます。

以前はペットショップで売れ残った子犬や子猫の保健所への持ち込みが認められていましたが、現在は法の改正でできなくなりました。あるお店では、店員の家族、例えば両親や親戚に譲っているという話を聞きました。このように売れ残った個体は、場合によっては別の業者に持ち込まれて、その裏でなんらかの方法で殺されているかもしれません。もしかすると、何十、何百倍の子犬や子猫が殺されているかもしれません。

日本は色々なレスキューの団体もできて、表向きは進んできたように見えますが、レスキューの団体に対しての明確な規定もなく、各々の団体が独自に活動をしています。今後は、これらの団体への法律も大切になってきます。

■純血種

日本は不思議な国で、ペットショップで雑種を20万円や30万円で販売しています。「チワプー（チワワ×プードル）」や「チワックス（チワワ×ダックスフント）」などの名前をつけてしまうのが日本人らしいですよね。

雑種ではなくて、純血種を選ぶ場合は注意をする点がいくつかあります。次の項目でも話題にしているように、ある特定の形質を残した結果、生じる問題です。ダックスやコーギーのように足が短くて胴が長い犬種の場合は、どうしても腰への負担が増えて脊椎の問題が出てきます。太らせない、そして床が滑らないような材質にしたりと予防策を考えることが大切になります。しかし、両犬種とも太りやすい犬種のため、往々にして太った個体をよく目にします。筆者は「肥満は飼い主による虐待」だと思っています。肥満の野生動物はいません。

純血種の場合は、その毛色も重要になります。

オーストラリアン・シェパードやシェルティーなどのブルーマール、そしてダックスのダップルという毛色をご存じでしょうか。見た目が特徴的なので非常に目を引く毛色です。他の毛色よりも珍しいためにペットショップにいればとても目立つでしょう。

ちょっとだけ遺伝子の話をすると、このマールとダップルの遺伝子は、「M」優性と「m」劣性があります。この遺伝子「M」の働きは、部分的に毛色を脱色させます。両親ともにマールまたはダップルの場合、お父さん「Mm」とお母さん「Mm」の組み合わせからは、「MM」、「Mm」、そして「mm」となるのはわかるでしょうか。「MM」が、ダブルマールと呼ばれる毛色になります。生まれてくる確率は25％になります。「Mm」はお父さんたちと同じマールまたはダップルになり、その確率は50％です。そして「mm」は、マール以外の毛色になり、確率は25％です。このダブルマールの遺伝子を持って生まれてきた子犬は、全身が真っ白で、心疾患、視覚・聴覚障害を持っていることがあります。「Mm」の個体であっても、確率は低いのですが、内臓に障害を抱える個体が生まれることがあります。

特にダックスの交配において毛色はとても大切です。マールの毛色と同じように、ダップル同士の交配は絶対に行ってはいけません。一回だけ自分の犬の子犬が欲しいなどという単純な考えで繁殖はできるものではありません。繁殖をする人は、生まれてくるすべての命に対する責任があることを忘れてはいけません。

さらにブルーマールは、チワワやグレート・デーンにもありますが、ミスカラーです。作ってはいけない毛色です。ダブルマールと同様に、内臓疾患や視覚・聴覚障害が出てくるケースがあります。すべてのブルーマールではありませんが、とても弱くて疾患が多いことがわかっています。またこれらの毛色は、ワクチン接種後にアレルギーなどの副反応が出やすいと言われています。

ちょっと他と違う毛色のマールを作る裏側では、子宮内で死んだり、生まれてまもなく亡くなったり、ペットショップに流通する前に段ボール箱の中で死んでしまったりする子犬たちがいます。

フレンチ・ブルドッグは、近年人気が出てきた犬種です。フレンチ・ブルドッグの毛色は、ブリンドル、フォーン、パイド、クリームの4つが基本の毛色になります。クリームなどは見た目も可愛く人気があります。そのため、クリーム同士を交配させる場合があります。ペットショップで見るフレンチ・ブルドッグは色素が弱い個体が多いように思えます。色素の強い健康的な子犬を産ませるには、必ずブリンドルを基本に交配させる必要があります。強い個体が作れるはずなのに、弱い個体を作っているのです。フレンチ・ブルドッグでよくみるアレルギーなどの皮膚疾患は、交配の時点で防げるのです。

雑種とは異なり、純血種の場合は起こりやすい疾患がすでにわかっています。犬では成犬時の大きさなどがわかります。どうぞ特定の犬種や猫種を選ぶのであれば、罹患しやすい疾患やどういう歴史の中で作られてきたのかを理解してください。例えば沖縄で北方犬種のシベリアン・ハスキーを飼うことは犬に大きな負担を与えるということをわかってください。

■垂れ耳や短足の猫

手足が短い「マンチカン」や垂れ耳の「スコティッシュ・フォールド」は、他の猫種とは異なる特徴を持つため、見た目も可愛くとても人気があります。

ではなぜこれらの猫種は、そういった特徴を持つのでしょうか。

マンチカンは手足が短いですが、生まれてくる個体の約2割だけが短足の子です。残りの8割は手足が長い子が生まれてきます。長くてもマンチカンはマンチカンです。短足のマンチカンは希少価値が高いため、長い足の子よりも高値で販売されます。そのためペットショップで見かけるマンチカンはほとんどが短足の子です。長い足の子たちはどこへ行くのでしょうか?

マンチカンの短足は、「軟骨異形成」によって生じます。場合によっては椎間板ヘルニアになることもあります。また、骨折もしやすいです。短足のマンチカン同士は交配することも禁じられています。誤って繁殖してしまった場合は、寿命が短く、死産や肢体に異常があるなどの問題が出てきます。必ず足の長い子と短い子を交配する必要があります。

スコティッシュ・フォールドは垂れ耳が特徴です。これは、遺伝性疾患で耳の軟骨の異常がある「骨軟骨異形成」という病気です。耳の軟骨が不完全に発達し垂れ耳になります。生まれてくる子の7割は立ち耳なのです。マンチカンと同様に垂れ耳になるのはほんの3割。でも、ペットショップで見るスコティッシュ・フォールドはみんな垂れ耳ですよね。立ち耳は売れ残って、垂れ耳のほうが売れます。当然、高い値段でも売れる垂れ耳の子を販売したがります。ここ数年、雑種の猫を除けば、日本の猫での人気ナンバー1は、なんとスコティッシュです。垂れ耳のスコティッシュ同士もやはり交配をしてはいけません。なぜなら、重度の骨と軟骨の異常が若い頃から出るようになるからです。でも、垂れ耳同士を交配したほうが垂れ耳の子猫が生まれやすいので、悪質なブリーダーは奇形が生まれるのを知った上で繁殖をします。奇形の子がショップで売られることはありません。ブリーダーも世話をすることはないでしょう。垂れ耳の子を欲しがる人がいる限り、そのために犠牲になる命があることを知ってください。

可愛く見えるスコティッシュの垂れ耳は、軟骨の異常によって起きた奇形を固定して作られただけです。そして、この軟骨の異常はなにも耳の軟骨だけに生じるのではありません。関節軟骨にも現れるため、四肢に異常が起きます。痛みによって歩けなくなったり、ジャンプができなくなったりすることになります。

垂れ耳の猫には、ほぼ１００％の割合で何らかの異常が出ると言われています。この事実をきちんと受け止めて飼うのか。当然、医療費は他の猫よりも必要になるでしょう。「知りませんでした！」という発言は、命を預かる立場である人間が決して言ってはいけません。そして、ペットショップの店員も当然この事実をきちんと説明をしなければなりません。

繰り返しますが、マンチカンやスコティッシュのような特徴は、突然変異であって、いつも同じ形質が出るとは限らないのです。みなさんが、欲しがれば欲しがるほど、足の長いマンチカンと立ち耳のスコティッシュが生まれてきます。しかし、この子たちの未来は誰にもわかりません。

■小型化の問題

近年、犬では小型化が目立ちます。

例えば、トイ・プードル。トイ・プードルをさらに小さくした「タイニー・プードル」や「ティーカップ・プードル」という名前を目にします。これらはいずれもトイ・プードルです。ティーカップ・プードルやタイニー・プードルという犬種はありません。小さな雌と雄同士を掛け合わせたり、場合によってはお乳をあまり飲ませなかったりしてトイ・プードルを小型化して販売しています。小さいのでトイ・プードルよりも高値で売られます。

小型化によって生じる体への影響は様々です。特に乳歯から永久歯への生え変わりに問題が起きやすくなります。歯の数が少なかったり、歯が重なって生えてきたりします。あの小さな顎の中にきちんと歯が収まらなくなるのです。また骨が細くなるので、骨折や脱臼の問題も出やすいでしょう。
チワワなどの超小型犬や最近流行りのフレンチ・ブルドッグなどは、帝王切開になるケースが多いです。自然分娩と帝王切開では腸内細菌が違うことがわかっています。人では、自然分娩で生まれてきた赤ちゃんはビフィズス菌が多く、帝王切開では母親の皮膚に多く見られる細菌、大腸菌、クロストリジウム菌、乳酸菌などが多くなることがわかっています。

このような問題は繁殖をする側だけが悪いのではありません。飼う側にも問題があります。体が小型化されればされるほど、内臓、骨、歯に影響を与えることを忘れないでください。みなさんが欲しがれば、小さな個体が作られる負の流れができてしまうのです。

犬や猫を飼おうと決めたなら、当然その子たちの最期の時まで大切に育てることも大事ですが、どんな病気になりやすいのか、どんな性質なのかもきちんと理解した上で飼うべきなのです。「ペットショップで目が合ったから」、「有名な芸能人が飼っているのを見たから」など身勝手な理由で飼うことほど無責任なことはありません。
足の長いマンチカンや立ち耳のスコティッシュを選べるような、そんな飼い主さんになってほしいです。

人工的な空間

ペットショップに入ると、小さな透明のガラスケースに入れられている子犬や子猫を目にします。母親や一緒に生まれた兄弟たちと離されて、連れてこられた先の環境は果たして小さな命を守るために適しているのでしょうか。

■蛍光灯の明かり

法律が変わり、ペットショップでの犬と猫の展示が朝8時から夜20時までの時間帯になりました。それ以前には、繁華街などでは深夜の営業をするショップが普通にあったので、その当時よりは随分ましになったのかもしれません。しかしながら、太陽の光を浴びるのではなくて、人工的な光を朝から晩まで浴び続けることは、非常に不自然なことなのです。

脳には松果体という小さな器官があります。この松果体からは「メラトニン」と呼ばれるホルモンが分泌されます。メラトニンは睡眠と覚醒のリズムを整える作用や抗酸化作用があります。メラトニンの分泌には光の刺激が大きく関わっています。目からの光の刺激が多い時には分泌が低下して、刺激が少ない時に多くなります。朝の光の刺激を目から受けて、約15時間前後に分泌されることもわかっています。

ペットショップのような人工的な光では照度が低すぎて、刺激が弱くなり、メラトニンの分泌が不十分になります。さらに、日の出からゆっくりと太陽の光は強くなり、夕方にかけてゆっくりと刺激は弱くなります。ペットショップでは突然明るくなり、突然暗くなるので不自然です。また、メラトニンの分泌は電磁波によって抑制されることがわかっています。ペットショップの中では蛍光灯も含めて様々な電磁波が飛び交っています。メラトニンの働きは体内時計の調節だけではありません。日中に変異した細胞を監視する役目もあります。

細胞は絶えず変異しています。変異した細胞は将来ガン化するかもしれません。体にあっては困る細胞です。そんな細胞を見つけだして排除する働きがメラトニンにはあります。

朝の光は、コルチゾールと呼ばれるホルモンの分泌も刺激します。アレルギー性疾患などの時に処方される「ステロイド剤」には、炎症を抑えたり、免疫を抑制したりする働きがあり、ストレスを回避するために必要なのでストレスホルモンとも呼ばれます。夜の睡眠時に必要となるエネルギーを作ってくれるのもこのコルチゾールのおかげです。コルチゾールも朝の光を浴びることで、一気に分泌量が増加して、体にエネルギーを与えて、1日の活力を与えてくれるのです。

光の弊害（光害）は、ホルモンバランスへの影響だけではありません。ペットショップのガラスケースをのぞくと、蛍光灯が個別のケースごとに設置してあります。この蛍光灯を浴び続けると副腎に悪影響を及ぼすことがわかっています。副腎は前述のステロイドホルモンのコルチゾールを合成する器官です。

この光害は、ペットショップだけでなく、室内飼育されている犬猫にも問題となります。暗い室内は可哀想だろうと日中でも室内の電気をつけたまま出かける飼い主さんがいます。太陽の光は大切ですが、人工的な光は日中には必要ありません。

■除菌

免疫が発達する上で最も大事なのは、様々な菌にできるだけ触れることです。「最後のワクチンが終了するまではお散歩や土の上を歩かせないように。他の犬と会わせないように」とアドバイスをするショップや獣医師がいますが、この時期は一番免疫を刺激しなくてはいけない大切な期間です。

土に触れたり、土の上に寝転んだりすることで、自然に様々な菌に触れます。特に土壌菌は、免疫を強化するだけでなく、アレルギーを抑制したりするためにも大切です。子犬や子猫たちは土に触れることで、第10章でも説明するグラウンディング（地球を感じる）を自然に行うこともできます。強い免疫力を保つためには菌は大切です。

これは人間の世界でも同じことが言えます。アトピー性皮膚炎を発症している中高生の割合が増加しています。この理由として、幼少期に清潔な環境で育ったために、免疫を十分に獲得できていなくてアレルギー疾患の子どもが増えていると指摘されています。

ペットショップにおいては、犬や猫に触る前にはアルコールでの消毒が当然のように行われています。腸内細菌を筆頭に皮膚、耳、口腔などにも微生物はいます。これらの微生物は「マイクロバイオーム」と呼ばれ、人も含めて犬や猫の健康状態を大きく左右します。

過剰な手洗いやアルコールを使っての消毒は、マイクロバイオームに影響を与えます。腸内細菌は、種によっても異なりますが、ペットショップのような清潔な環境で生活した場合と土の上で豊富な菌類にまみれた環境で生活した場合でもまるっきり違ってきます。

さらに、下痢などのなんらかの理由で生後半年以内に「抗生物質」を投与されたなら、場合によっては一生腸に問題を抱えることにもなります。

日本ではペットショップで犬や猫を買うのが一般的です。しかしながら、前述した事柄を理解すると、実は子犬や子猫にとっては適切な場所ではないのです。

30～40年前まではペットショップからではなく、近所で生まれた子犬や子猫をもらい、純血種のほうが珍しい時代もありました。そして、売られる場がペットショップへと移行してきました。現在は、より幅が広がってきました。ブリーダー、保護施設、盲導犬のキャリアチェンジや引退犬など。少なくとも、ネットからの購入だけはやめてほしいものですね。

第3章

消化管の大切さを知る

私たち人間の健康を考えた時、腸が大事だと言われはじめて久しいです。「腸活」なんて言葉があるくらいに腸への注目度が上がっています。腸に良いと言われる乳酸菌などが入ったサプリメントやヨーグルトを犬猫に与えている飼い主さんも多いでしょう。

特に腸は最大の免疫器官で、免疫の70％が腸管で働きます。強い免疫力を維持するためにも腸管は大切です。しかしながら、腸管だけが大事なのではなく、口腔から始まる消化管全体がきちんと働いて、はじめて腸管の健康も保たれるのです。

肉食動物は胃が大事

犬と猫が食べ物を食べると、消化管内ではどのようなことが起きるのでしょうか。

■胃の働き

消化は「口腔」から始まります。犬も猫も唾液にアミラーゼを含むか含まないかは関係なく、食べたものは飲み込める大きさに噛みくだかれると、唾液と混ざり、食道を通過して胃へと向かいます。

ここでみなさんに知ってほしいのは、「犬と猫は胃で食べ物を食べる！」ということです。近年は、腸の重要性にばかりに目がいってしまい、あまり胃という臓器には興味が集まることはありません。ところが、体に良いとされる腸内細菌が元気に活発に増えるためには、胃が重要なのです。しかし現実には、「胃酸減少症（胃酸の分泌が不十分）」の犬が増えていることが報告されています。

では、胃はどんなことをやっているのでしょうか。

胃体に分布する胃腺からは主に次の４つの成分が分泌されます。

「胃酸（塩酸）」、「粘液」、「ペプシノーゲン」、そして「内因子（キャッスル因子）」です。

これらが胃液の主要な成分となります。

この中でも、特に重要なのが「胃酸」です。

私がすすめている自然食は、犬と猫に生の骨つき肉を与えるという方法です。加熱していない状態で、骨つき肉を安全に与えるためには、この胃酸が鍵となります。胃酸によって、胃液はpH２前後の強酸の海を作ってくれるのです。強酸は生肉に付着するサルモネラ菌や大腸菌を殺してくれます。そして、硬い骨であってもきちんと消化してくれるのです。pHが４や５前後の弱酸性になると、骨が消化されずに腸へと運ばれることになり非常に危険なことになります。未だに鶏の生骨を与えることに反対をしている獣医さんは多くいますが、胃酸の分泌が低下している犬たちの場合には、そのままウンチの中に骨が出てくるケースもあります。そして、穀類の過剰摂取は、この胃酸の分泌低下にも関わっています。

胃腺から分泌される２つ目の成分である「粘液」は、この強酸の海によって胃壁が傷付かないように守っています。

３つ目のちょっと聞き慣れない名前の「ペプシノーゲン」は、タンパク質を分解する消化酵素のひとつであるペプシンの前駆物質。食べ物の貯蔵庫としての役割を持つ胃は、タンパク質でできています。ペプシンがそのままの状態で胃壁の中に存在していると、胃壁までも消化してしまいます。そのためペプシノーゲンという形態で胃壁には存在しているのです。このペプシノーゲンがペプシンに変化するためにも胃酸の力が必要なのです。

肉食動物である犬と猫にとっては大切な消化酵素ペプシンですが、ここでも胃酸が鍵となります。ペプシンがちゃんと仕事をするためには、最適なpHがあります。もうおわかりだと思いますが、強酸です。弱酸性の状態だと、ペプシノーゲンがペプシンに変換されない上に、たとえ一部が変換されても、ペプシンとして働くことができないのです。さらに、強酸は一部のタンパク質を消化しやすい形に変えてくれます。

最後の「内因子」は、ビタミンB12の体内への吸収において重要な働きを持っています。ビタミンB12は遺伝子の素材になる核酸を合成するのに必要です。不足すると細胞分裂に支障が出て、赤血球が作られなくなり貧血になります。内因子がないと、ビタミンB12吸収率はたったの２％になります。そして、内因子の働きにおいても、胃酸が欠かせません。

胃酸を分泌する「胃」ってすごくないですか！

そして、この胃酸を作るのに大切なのが「塩分（塩化ナトリウム）」なのです。犬や猫は汗をかかないので、塩分は必要ないと思っている飼い主さんは多いのではないでしょうか。

しかしながら、生肉や骨を食べる犬と猫にとって、塩分はなくてはならないものです。

第1章で犬と猫の塩味への感受性が低いことを記しました。これは血液を十分に含む生肉を食べていればの話ですが、食肉処理により血液を除かれてしまうので、実は生肉だけでは必要な塩はまだ摂れていません！

塩分の欠乏は様々な疾患とつながっています。特に腸の疾患を引き起こすのです。塩分は肉食動物にはなくてはならない重要な栄養物のひとつなのです。

人の場合は胃酸の分泌が低下すると、以下のようなことが起こります。

重要なビタミン、ミネラル、アミノ酸の体内への吸収の低下。

タンパク質の消化の低下。

アレルギーや子どもの喘息の発症。

胃と小腸での細菌の過剰な増殖。

このことは犬や猫にも当然当てはまることです。

自然食では胃の中での食べ物の滞在時間が長くなります。骨を消化したり、脂の付いた肉類を消化したりするのに時間がかかるからです。

胃に続く消化器官は、小腸です。

■腸とマイクロバイオーム

小腸には、食べ物を消化して吸収するという大切な役割があります。この小腸での消化には膵臓《すいぞう》から分泌される様々な消化酵素が重要になります。そして、この膵臓からの消化酵素の分泌にも胃酸が大きく関わっています。

肝臓で作られた胆汁と膵臓から分泌される消化酵素（膵液）は、脂肪の乳化を手伝ったり、糖質やタンパク質の消化を助けたりします。

胃液と混ざった食べ物は強酸です。胃内で作用するタンパク質分解酵素のペプシンは強酸で作用しますが、膵液が働くためにも最適なpHがあります。pH８・５前後の弱アルカリ性です。強酸の環境内では膵液は作用しません。そこで、膵臓から重炭酸塩が分泌されて、中和されることで、アルカリ性になります。ここでも胃液の強酸が刺激になって、重炭酸塩が分泌されるのです。胃酸の分泌が十分でないと、弱酸性の状態になり、重炭酸塩は分泌されません。そうなると膵液はきちんと働かず、消化が不十分になってしまいます。

消化が不十分な食べ物は、「マイクロバイオーム」に影響を与えます。

「マイクロバイオーム」とは、犬と猫たちの体内にすむ何億もの微生物の集合体のことです。腸内は当然のことながら、眼、生殖器、耳の中、口腔、そして皮膚などの様々な範囲も含みます。実は、体の90％以上の細胞は動物たちの体以外の細胞からなっています。なんとその体外細胞の90％が腸内細菌の細胞なのです！

細菌叢は、たくさんの有益な機能を提供してくれます。病原体をコントロールし、腸の健康と免疫系をサポートし、ビタミンと短鎖脂肪酸（酪酸、酢酸、プロピオン酸など）を合成したりします。特に腸内の細菌叢は健康にも大きな影響を与えます。

現在は、これらの細菌叢が遺伝子形質、免疫系、体重、糖尿病からガンに至るまで様々な慢性と急性疾患のリスクに影響を与えることがすでに知られています。犬や猫たちに見られる疾患の多くは、腸内細菌の乱れと関係していると言われています。近年注目を浴びている治療方法として「糞便微生物移植」というものがあります。腸に問題を抱えている犬と猫に、健康な犬と猫の腸内細菌を移植するという方法です。経口のサプリメントも販売されています。

今後は犬や猫たちの腸内細菌を検査して、個々に応じた腸内の管理方法が出来上がるかもしれません。アメリカでは猫の腸内細菌叢を調査するプロジェクトが進められています。フードを食べている子、生肉を食べている子など、食べ物による細菌の分布の違いがわかると期待されています。実際、犬では、フードを食べている犬よりも生肉を食べている犬のほうが、細菌の種類や数が多くなることがわかっています。

※短鎖脂肪酸とは、炭素の数が4個や6個の脂肪酸のことです。酪酸や酢酸などが含まれます。特に酪酸は大腸のエネルギー源になり、大腸を元気にしてくれます

■ビッグ４

「ビッグ４」とは、胃腸に問題を引き起こす可能性のある主要食品、小麦、大豆、トウモロコシ、乳製品のことです。「腸が健康の鍵を握っている」ということは、先ほども書きました。そして、この腸の健康を取り戻す方法として、「ビッグ４」を食べないという方法があります。なぜこれらの４つの食品が腸に悪いのでしょうか。

【小麦】

小麦は誰もが知っている穀類のひとつです。パスタや食パンに代表されるように私たち人間の食生活にもしっかり浸透しています。ペットフードの原材料としても、小麦は非常に便利です。小麦は「グルテン」と呼ばれる植物性のタンパク質を含みます。このグルテンを含まない食事のことを特に「グルテンフリー」と呼びます。

２０１４年から私自身グルテンフリーをやりはじめて、はや6年以上が経ちました。小

麦を使った料理としては、パン、パスタ、うどん、天ぷら、お好み焼きなど私たちの食生活には欠かせない食べ物が並びます。また、味噌や醤油などの調味料にも使われています。お母さんが妊娠している時であってもかなり意識をしなければ、食事から小麦を取り除くのは無理なのです。そうです。犬や猫たちもそうですが、子どもたちに小麦アレルギーが多いのは、胎児の頃も含めて取りすぎているのが問題なのです。さらに小麦には麻薬と同じように脳に悪影響を与えることもわかっています。一度食べる習慣ができてしまうと、食べないことがストレスとなってしまいます。

意識をして加工食品の原材料表示を見てみると、実は原材料に小麦が多く含まれていることに気づきます。ペットフードの袋だけでなく、自身の健康を考えた時、冷凍食品、お弁当やおにぎりなどの表示も見る習慣をつけてください。

グルテンフリーを始めると、体がとても楽になります。私の周りの犬や猫を飼われている方たちの中にも、意識してグルテンを取らない食事を心がけている人が増えてきました。みなさん声をそろえて言われるのが、「体が楽になった」、「アレルギー、特に花粉症が薬を飲まなくても良くなった！」、「むくみが軽くなった」、「湿疹《しっしん》が出なくなった」など、不思議とみなさん何らかの変化を体験されます。

小麦の問題は取りすぎることだけではありません。

グルテンは、粘性の意味を持つ「グルー（糊）」から派生した言葉です。この粘性を持つために、うどんやパスタ、そしてドライフードも固めることができるのです。実は、品種改良を重ねてきた現代の小麦に比べると、昔の小麦に含まれるグルテンの量は少ないものでした。ところが、「粘性」が高い小麦が便利なために、どんどん品種改良を繰り返して、今ではその粘性は60倍にもなったと言われています。

実はこの「粘性」によって、消化器において様々な弊害を引き起こされることがわかっています。ではこの「粘性」の高くなった小麦は、腸にどんな悪さをするのでしょうか？

細胞と細胞の間には、接着剤のような役割を持つ「タイトジャンクション」というものが存在します。タイトジャンクションは、体の中に入ってよい成分と入ってはいけない成分とを見分けて、緩めたり強く結合したりして調節します。タイトジャンクションが緩みっぱなしになってしまったら、どうなるでしょうか。そうです。必要のない様々な物質がどんどん侵入してくることになります。それらの物質は、病原性の微生物、化学物質、あるいは未消化の食べ物などが含まれます。このタイトジャンクションの緩みが、次に説明をする「ＬＧＳ（腸管壁浸漏症候群）」の引き金となります。

最近の報告では、「ゾヌリン」と呼ばれるタンパク質が、腸細胞同士を強く結び付けて

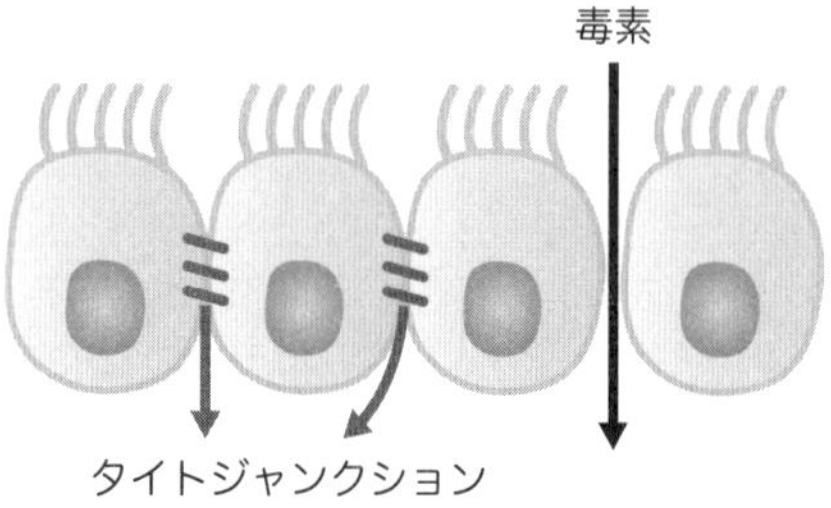

図２　タイトジャンクションを緩めるゾヌリン

いるタイトジャンクションに影響を与えていることがわかっています。ゾヌリンにはタイトジャンクションを緩めて、物質の通過をしやすくする作用があります。これは必要な物質を通過させやすくするために必要なことです。グルテンの構成成分のひとつである「グリアジン」が、このタイトジャンクションを緩めてしまうのです。このグリアジンは、細胞膜に刺激を送り、細胞からゾヌリンを分泌させます。

【大豆】

日本人にとって、大豆は味噌や醤油などの調味料に始まり、納豆、豆腐、おからなど非常に身近な食材のひとつです。健康食品のひとつとして確立されていますが、犬や猫たちの世界ではちょっと違ってきます。

大豆は「レクチン」を含みます。

レクチンは、「糖結合性タンパク質」とも呼ばれ、すべての細胞膜に存在する特定の糖鎖と結合する性質を持ちます。天然のタンパク質であるレクチンは、豆類、全粒穀類（玄米や全粒小麦など）、ナス科の植物などに含まれます。実はグルテンもこのレクチンの一種です。レクチンは前述した「タイトジャンクション」を緩める「ゾヌリン」を放出させます。また、レクチンは「結合性」の文字を見るように、色々なものにくっつく性質があり、腸粘膜にも結合して、炎症反応を誘発するのです。

【トウモロコシ】

人が食べる「スイートコーン」の日本国内での自給率はほぼ１００％です。年間約25万トン前後が作られています。スイートコーンは野菜として分類されます。

しかしながら、日本は世界一のトウモロコシ輸入国なのです。年間１６００万トンも輸入しています。そのうちのおよそ90％がアメリカから輸入されます。トウモロコシは、人だけでなく、牛や豚などの家畜の大切な餌になります。家畜が食べるトウモロコシは、デントコーンといって、穀類に分類されます。このデントコーンはほとんどが遺伝子組み換えであり、アメリカで作られているデントコーンの90％が遺伝子組み換えです。第８章においても、より詳しく説明をしますが、遺伝子組み換えされた作物（大豆も含め）は、腸内細菌のバランスを崩します。また、トウモロコシもレクチンを含みます。

【乳製品】

乳製品に含まれる「カゼイン」は、乳タンパク質です。時にこれらのタンパク質は、体内で炎症を引き起こしたり、活性酸素を作ったりすることがあります。そのため、ガンやその他の健康問題の原因になることもあります。

このカゼインにはいくつかの種類があります。そのひとつにβカゼインがあります。さらにβカゼインは、βカゼインＡ１とＡ２に分かれます。このＡ１は自閉症、糖尿病、アトピー、あるいは心血管障害の原因だと言われています。Ａ１は、消化器系にも問題を起こすので、胃腸系に問題を抱えている方の摂取はおすすめしません。一般的なホルスタイン牛はこのＡ１カゼインを含みます。

さらに、ここでもまたレクチンが問題となります。みなさんが普段飲んでいる牛乳の乳脂肪がどのくらいかわかりますか？　牛の品種によっても異なりますが、ホルスタインでは３・５％ほどです。この乳脂肪は牛たちが食べる餌によって変化します。放牧されて青草を多く食べれば、乳脂肪は低くなります。高いほうが良いと考えられていて、乳脂肪率を上げるためにトウモロコシや大豆などの栄養価の高い作物を餌に入れます。すると、トウモロコシや大豆のレクチンは、牛乳やチーズを食べることで私たちの口に入ってきます。

ペットフードから手作り食に移行する時には、このビッグ４を与えないことが腸内環境を整えるためにも必要です。

意識をしないと私たち人間は、食事からビッグ４を取り除くのは困難ですが、犬猫の食事ではとても簡単にできます。１週間でもこれらの４つを抜くと、体がとても変わります。犬猫の食事を変える時に自身の食事もちょっと見直してみると良いのでは。

ＬＧＳ（腸管壁浸漏症候群）とは

ＬＧＳは、「腸管壁の細胞同士の間に大きな空間ができてしまうこと」です。前述した「タイトジャンクション」が開いたままの状態になるということです。腸管壁の細胞間に大きな穴が開いた状態になると、細菌、毒素、未消化の食べ物が体内へと漏れてきます。

10年以上前の日本では、この「ＬＧＳ」についてはほとんど知られていなかったと言っても過言ではありません。

気づいていない場合がほとんどですが、ＬＧＳの犬や猫たちは確実に増えています。

その理由は、以下のとおりです。

■過剰な薬物投与

【非ステロイド系消炎剤】

アスピリンなどの非ステロイド系消炎剤は、鎮痛・抗炎症・解熱作用を持っていて、人間においては最も頻繁に使われている医薬品です。現在のところ、人間のＬＧＳの原因はこれらの解熱剤の乱用だと言われています。

【抗生物質】

アスピリンなどと同様に、抗生物質の乱用も問題があります。特に動物病院では「とりあえず抗生剤を飲ませてください」と言われるケースが多いのではないでしょうか。当然、「生物を殺す」ことが抗生物質の役目です。動物たちに悪さをする細菌も生物ですが、腸内の微生物も生物ですよね。特に生後半年以内に抗生物質を与えられると、腸内細菌のバランスを取り戻すのには、大変な努力が必要になります。場合によっては胃腸障害を一生抱えることにもなります。子犬や子猫の時期の抗生物質の投与は、点眼薬なども含めて、非常に慎重になる必要があるのです。

乳幼児でも2歳までに抗生物質を服用した場合には、喘息やアトピー性皮膚炎などの免疫異常によって起きるアレルギー疾患の発症リスクが、服用していない乳幼児よりも高くなることが報告されています。

■食事

【グルテン】

犬と猫におけるＬＧＳの主な原因は「グルテン」だと言われています。特に原材料として「小麦粉、小麦グルテン」が使われているペットフードを食べていたなら、何の問題も感じていなくても、ＬＧＳだと思ってください。実は、私自身もＬＧＳでした。私の場合は単純にこのグルテンの取りすぎが原因でしたので、グルテンフリーを続けた結果、ＬＧＳの問題は解決しました。

【カゼイン】

母乳の主要タンパク質である「カゼイン」の取りすぎもＬＧＳの引き金になります。母乳に含まれるタンパク質の約80％がカゼインです。特に牛の母乳（牛乳）にはαカゼインと呼ばれるタンパク質が他の哺乳類の母乳よりも多いのです。

【レクチン】

グルテンはレクチンの一種です。レクチンはあらゆる食品に存在しますが、特に小麦や米などの穀類、大豆などの豆類、乳製品、トマトやジャガイモなどのナス科の植物は、有害なレクチンを含みます。

【穀類】

やはり加熱処理をされた穀類がベースのフードもLGSの発症に拍車をかけています。グレインフリー（トウモロコシや小麦を含まない）のフードであっても、ジャガイモなどのGI値（グリセミックインデックス／血糖上昇指数）の高い食べ物を含むフードであれば、やはり腸内細菌のバランスを崩してしまいます。

【添加物】

甘味料や保存料の中には、腸内細菌を殺してしまうものがあります。

■遺伝子組み換え作物

ペットフードに含まれる植物性タンパク質を供給するトウモロコシや大豆、キャノーラ油の菜種などの遺伝子組み換え作物は、特定の除草剤に対して耐性を持つように操作されています。特定の除草剤は、植物や微生物に特異的にあるシキミ酸経路を遮断して、雑草を枯らします。シキミ酸経路は、植物や微生物がエネルギーを作る時に大切な経路です。この経路を断つことで、エネルギーが不足して、枯れてしまいます。このシキミ酸経路は、人間、そして犬や猫にはありません。そのためこれらの除草剤の成分が残っていても、体への影響はないと言われています。

犬や猫への影響はありませんが、腸内に生息する微生物は影響を受けます。

■ワクチン接種やノミ・マダニ予防薬

毎年繰り返されるワクチンは、明らかに免疫系に影響を与えます。体全体の約70％の免疫系が、腸に集中していることを考えれば、当然のことです。ノミ・マダニ予防薬は犬猫には影響がないと言われていますが、副反応の報告はあります。下痢や嘔吐《おうと》などの消化器障害も多く症例があります。

■ストレス

精神的なストレスも免疫系を弱めてしまいます。引っ越し、離婚、家族内でのケンカ、家族との別れなど。私たちが心を痛めるように犬や猫たちも敏感に感じます。

トウモロコシや小麦を豊富に含む市販のペットフードを与えていますか？

毎年ワクチンを接種していますか？

長期間にわたって抗生物質やステロイド剤の投与を行っていますか？

条件がそろえばそろうほど、ＬＧＳが原因でアレルギーの発症や肝臓のＡＬＴやＡＳＴ

の値が上昇しているかもしれません。

ＬＧＳの対処方法

ＬＧＳを考えることは、胃の働きをサポートすることにつながります。胃液が十分に分泌されることは、腸内細菌を健康な状態に保つことになります。

■原因を取り除く

・加熱処理された市販フードをやめて、代わりに新鮮な食材を含む手作り食に切り替えます
・食事からすべての穀類（米、小麦、トウモロコシなど）、砂糖（ソルビトールなどの人工甘味料を含む）、乳製品、大豆、ナス科（トマト、ジャガイモなど）を取り除きます
・毎年の混合ワクチンをやめて、３年に１回または代わりに抗体価の検査をします
・ノミ・マダニ予防薬の投与をやめて、代わりにハーブやアロマなどの自然のもので対応

・できるだけ抗生物質やステロイド剤などの薬物の投与をやめます
・ストレスへの対応を考えます
・屋外に連れだして、土に触れたり、光を十分に浴びさせたりします

■食べ物で補充

【発酵食品】
日本食は発酵食品の宝庫です。味噌や納豆、ぬか漬けなど。また、ドイツ料理のザウアークラウトは家庭でも簡単に作れます。千切りのキャベツに２％ほどの食塩を加えて重石をして自然発酵させます。発酵させてできた水分は、ザウアークラウトジュースといって、解毒効果が高いので便利です。ただし酸っぱいので猫は受け付けないでしょう。

【骨スープ】
骨スープは、電気鍋があれば簡単に作ることができます。
準備する食材は、
・水：塩素やフッ素を含まない水。塩素は煮沸させれば簡単に取り除けます
・鶏ガラまたは骨付きの牛肉：骨付きの肉は、コラーゲンの供給源になります
・リンゴ酢：リンゴ酢は骨から様々なミネラルを取り出すことができるので、栄養豊富な

スープになります。さらに、キレート化作用によってミネラルが体内へと吸収されやすくなります

電気鍋に前述の材料をすべて入れます。50～60度くらいの低温でゆっくりと調理します。6～10時間ほど調理をしたら、一度鶏ガラや骨付き牛肉を取り出して、鶏肉や牛肉だけを丁寧に取り除きます。骨を再度鍋に入れて、さらに20時間ほどゆっくりと調理します。最後に、骨を濾《こ》して、冷蔵庫で冷やします。スープの上に浮いている脂を取り除いて出来上がりです。すぐに犬や猫たちに与えないのであれば、製氷皿に移して氷にして保存すれば、必要な時に与えることができます。

絶対に沸騰させないことがスープ作りのポイントになります。沸騰させて作ったスープと比べて、低温で作られたスープに含まれる栄養素、特にアミノ酸のレベルは、格段に異なります。電気鍋の理由はここにあります。安全に長時間ゆっくりと低温で調理するには、ガスでの加熱調理では無理です。現在は、便利な電気鍋が販売されています。購入する際は、必ず最低の温度を確認してください。そして、蓋も重要です。蒸気用の穴が空いていない蓋を選んでください。蒸発してしまうと、その都度お水を加える必要があります。

骨スープには、プロリン、グリシン、グルタミン、そしてアラニンの4つの非必須アミ

ノ酸が豊富に含まれます。これらの４つのアミノ酸は、皮膚や腸粘膜を保護したり、再生したりするためには必須のものとなります。

【ココナッツオイル】

ココナッツオイルは、「認知症を改善する」効果が期待されることから、一時期日本においても大きなブームが起きました。ココナッツオイルに含まれる中鎖脂肪酸は、抗菌作用があります。カンジダ菌などの酵母菌にも効果あります。

■サプリメントを用いる

【N－アセチルグルコサミン（NAG）】

NAGは、ヒアルロン酸の構成成分のひとつです。腸粘膜を保護する作用があります。骨スープは最高の供給源になります。

【グルタミン】

グルタミンは、筋肉中に最も多く存在する遊離アミノ酸です。グルタミンは必須アミノ酸でありませんが、条件付き必須アミノ酸と呼ばれています。腸粘膜のエネルギー源となるため、腸に問題を抱えている場合には大変重要になります。これも骨スープに含まれます。投与量は犬や猫の体重に応じて２５０～５０００㎎。

【消化酵素】

消化酵素は市販フードを食べている個体には必須のサプリメントのひとつです。豚の膵臓などから作られている商品よりも、植物由来の商品を選びましょう。

【スリッパリーエルム】

ハーブのひとつです。腸粘膜の保護をする働きがあります。ペット用にも便利なチンキ剤があります。

■レジスタントスターチ

レジスタントスターチとは、「難消化性でんぷん」または「酵素抵抗性でんぷん」とも呼ばれ、小腸で消化吸収されず、大腸まで届くでんぷんの総称です。大腸で腸内細菌のエサとなり、その発酵物としてプロピオン酸、酪酸、酢酸などの短鎖脂肪酸が作られます。

短鎖脂肪酸には、実に様々な働きがあることがわかっています。

腸粘膜の保護作用、タイトジャンクションの強化、ブドウ糖レベルを減らして肥満の抑制、免疫系を刺激して慢性炎症の緩和（特に酪酸）、食物アレルギーの緩和、そしてカルシウムや鉄などの栄養素の吸収を助けます。

未熟なバナナ、生の米や豆、いも類などに含まれます。加熱すると大幅に減り、冷めると再び増えます。レジスタントスターチは、特にタイ米などの長米に豊富です。冷めたご飯は美味しくはないですが、ほんの少量の冷やご飯を加えるだけでも効果はあります。

ＬＧＳの対処方法はまず食事を変えることだと思いますが、ちょっとずつ無理のない範囲でサプリメントを加えたり、骨スープを作ったりしてみてください。

消化管の健康は、体全体の健康につながることが理解できたと思います！　犬や猫たちの食事を変える時に一緒にチャレンジするとその変化を自身で実感することができるでしょう。著者のグルテンフリーのきっかけも、犬や猫たちに悪いと言われているグルテンを取らないとどうなるかな？　という素朴な疑問からスタートしました。

第4章

犬と猫の栄養学

意識の高い飼い主さんが増えてきましたが、未だに間違った認識を持って育てている方も多くいます。ちょっとした知識が何かの時には役立つものです。

犬と猫に必要な栄養素

第1章でも解説をしているように、犬と猫は「肉食動物」です。特に猫は「完全肉食動物」なので、肉への依存は非常に高いです。犬はやや雑食性がある肉食動物です。ちょっとした違いのように思われますが、栄養素要求はかなり異なります。そのため、市販のペットフードにおいても、キャットフードは猫のために作られているので、決して犬に与えてはいけません。体内で作ることのできる栄養素が異なります。

■糖質

糖質はエネルギー源として主として利用されます。猫には糖質はほとんど必要ありません。肝臓のグルコキナーゼという酵素を猫は持っていないからです。グルコキナーゼは、肝臓内での糖の代謝を高める酵素です。猫はこの酵素を持っていないので糖質の肝臓への取り込みが遅くなり、血糖値が上昇しやすくなります。過剰な糖質は血糖値を上昇させてしまいます。血糖値の上昇は高インシュリン血症を引き起こして、ガンの発生も助長します。

また、猫は過剰にショ糖（ブドウ糖と果糖がつながった二糖類）を摂取すると、「果糖尿症」を引き起こします。

※猫にも糖質は必要です。タンパク質から作られたブドウ糖を利用します

■脂質

脂質はエネルギー源になったり、細胞膜を構成したり、さらにはステロイドホルモンや胆汁酸の原料になるコレステロールを供給したりと、大切な栄養素のひとつです。犬に比べて、猫は脂質とタンパク質からエネルギー源を得ます。そのため、猫のほうが脂質を多く必要とします。

食べ物から摂取しないと健康が維持できなくなる脂肪酸があり、それらは必須脂肪酸と呼ばれます。犬と猫は、オメガ3脂肪酸のα－リノレン酸とオメガ6脂肪酸のリノール酸です。さらに、猫の場合はこの2つに加えてオメガ6脂肪酸のアラキドン酸が含まれます。細胞膜を構成するリン脂質の原料になります。また、アラキドン酸は脳細胞にとっても大切で、脳を活性化します。犬は、リノール酸から体内で合成が可能です。アラキドン酸は、肉、卵、魚介類などの動物性の脂肪に豊富に含まれます。ここでもやはり猫の肉への依存度がわかります。

アマニ油、シソ油、そしてエゴマ油に含まれるオメガ3脂肪酸のα－リノレン酸は、炎症を抑える働きもあり、人の健康にも役立つことから注目を浴びています。実は、このα－リノレン酸は不活性型の脂肪酸で、体内で活性型のEPAとDHAに変換されて初めて炎症を抑えたり、認知症を予防したり、心臓や腎臓の働きを改善したりします。人では、このα－リノレン酸は体内で活性型であるEPAとDHAに変換されますが、犬においては、5～15％の犬しか、変換することができません。猫においては、変換する能力は全くありません。なので、クリルオイル（オキアミから取れる油）、サーモンオイル（養殖ではなく天然）、獣肉類（グラスフェッドが良い）などから直接活性型のEPAとDHAを補給する必要があります。

■タンパク質とアミノ酸

猫にとってタンパク質はとても大切な栄養素です。犬たちの血糖値は、糖質由来のブドウ糖で調整ができます。猫は糖質由来ではなくて、タンパク質から作られたブドウ糖によって主に調節されます。そのため、タンパク質を分解する酵素は絶えず活性化されていて、絶食時であってもタンパク質を利用して血糖値を調整できます。しかし、米やトウモロコシ中心の食事をしているとその活性が低下して、絶食時に低血糖になり、危険なことになります。十分なタンパク質を摂取していれば、72時間の絶食でも低血糖にならないという研究結果もあります。

体内で十分に合成することのできないアミノ酸を必須アミノ酸と呼びます。犬が10種類、猫は11種類（犬の10種類＋タウリン）です。

必須アミノ酸：アルギニン、ヒスチジン、イソロイシン、ロイシン、リジン、メチオニン、フェニルアラニン、スレオニン、トリプトファン、バリン、タウリン

これらの必須アミノ酸は、植物性と動物性ではバランスが異なります。おわかりのように、肉や卵などの動物性タンパク質のほうがバランスも良く、吸収率も良くなります。トウモロコシや小麦はバランスが悪く、吸収率もあまり良くはありません。犬や猫の食事が

トウモロコシや小麦がメインになれば、必要となるタンパク質の量は、肉や卵の倍になります。よく人間よりも犬猫が必要とするタンパク質の量は多いと言われますが、原材料によってこの必要となるタンパク質は異なってくるのです。

猫において特に重要なのが、「タウリン」だということは、第1章からずっと説明をしてきました。

缶詰が一般的だった猫の食事が、ドライで食べられるようになった時、問題になったのが、「拡張型心筋症」と「網膜萎縮（失明する個体も）」でした。後にこの原因は「タウリン欠乏症」だとわかり、犬とは違って猫は十分に体内でタウリンを作ることができないことがわかりました。

面白いことに、タウリン欠乏症の症状を示した個体は、すべて室内で飼育されていた猫たちばかりでした。屋外を行き来できた猫たちには見られなかったのです。おそらく屋外では、タウリンを豊富に含むネズミなどを捕獲して、キャットフードに足りない栄養素を補っていたのでしょう。現在ではこの問題を踏まえて、市販のキャットフード（ドライ、缶詰）には、合成タウリンが添加されていますので、タウリン欠乏症の心配は必要ありません。

しかしながら、「ふすま（玄米の外皮）」と「大豆」は、タウリンの低下を招くことがわかっているので、注意が必要です。また、合成タウリンにも問題があることについてはすでに解説をしています。

手作り食で加熱をしていたり、野菜中心の食事であれば、猫ではタウリン欠乏の危険性が潜んでいることを忘れないでください。サプリメントとしてタウリンを添加しなければ、後に色々な問題を引き起こすのです。だから手作り食を鵜呑みにするのではなくて、猫はどんな動物なのかをきちんと知った上で学ぶことが大切なのです。猫での加熱食はあり得ないということです。昔の猫たちのように屋外に自由に出ることができる環境であれば、足りない栄養素を自分で補うでしょう。しかしながら、今はそういった環境で飼われているケースは稀だと思います。よく「うちの猫は猫まんまを食べて20年生きた」といったことを聞きますが、やはり屋外に出かけてネズミや小さな昆虫を食べていたのではないでしょうか。

■ビタミン

【ビタミンA（レチノール）】

脂溶性のビタミンで、子犬や子猫の成長を促進したり、皮膚や粘膜（腸や鼻）の健康を維持したりするのに必要です。犬の場合は体内で合成可能なことはすでに解説しています。ニンジンやカボチャに含まれるαカロチンやβカロチンが小腸の吸収上皮細胞（または肝臓や腎臓）において分解されてビタミンAになります。猫はビタミンAが豊富な肝臓などの内臓や卵を定期的に摂取する必要があります。ビタミンAは野菜などには含まれません。前駆物質のβカロチンは、抗酸化作用があります。

【ビタミンB群】

B1（チアミン）、B2（リボフラビン）、B3（ナイアシン）、B6（ピリドキシン）、パントテン酸、B12（コバラミン）、ビオチン、葉酸、コリンです。

イワシやタラなどの生の魚は「チアミナーゼ」というチアミンを破壊する酵素を持っています。これらの生魚を大量に毎日与えるとチアミンが欠乏します。

リボフラビン、ビオチン、葉酸は大腸の微生物によって合成されます。抗生物質の長期にわたる投与によって腸内細菌のバランスが崩れる時には注意が必要です。

ナイアシンは犬の場合はアミノ酸のトリプトファンから合成されますが、猫は合成されません。

ピリドキシンとパントテン酸は、動物性食品には十分に含まれるので、欠乏はほとんど起きません。

コバラミンは、肝臓やその他の臓器に貯蔵されるので、ほとんど不足することはありません。

コリンは、体内でアミノ酸のセリンから合成されるだけでなく、様々な食べ物にも含まれるので、犬と猫ではコリンの欠乏は報告されていません。

【ビタミンC】

基本的に哺乳類はビタミンCを肝臓で合成することができますが、私たち人間にはその能力がないので、ビタミンCの補給は欠かせません。犬と猫は合成ができます。なので、市販のペットフードに含まれているビタミンCは栄養素として添加しているわけではありません。あくまでも脂質の酸化を抑えるためです。

体内でビタミンCが豊富な臓器は「副腎」です。この小さな臓器はストレス社会を生き抜くためには大切な臓器です。そして、この副腎の健康を守るには、ビタミンCが必要です。犬と猫たちが体内で合成できるビタミンCの量は、他の哺乳類と比べると、格段に劣ります。合成できるとはいえ、現代の犬と猫では足りていない可能性があります。

特に肉体的なストレスを予防したり、股関節の問題を予防するために成長中の大型犬の子犬にはビタミンCは大切になります。

ビタミンCの体内合成量（㎎／㎏）

マウス	275
ウサギ	226
山羊	190
ラット	150
犬	40
猫	40
霊長類、人、モルモット	0

ネズミなどの小型の動物が猫の主食だったと思われますが、ネズミは「タウリン」だけでなく、実はビタミンCも豊富に含みます。ビタミンCが豊富な食材を食べていれば、自分自身で作る量は最低限で良いのです。

【ビタミンD】

ビタミンD2（エルゴカルシフェロール）とビタミンD3（コレカルシフェロール）があります。ビタミンD2はシイタケやキクラゲなどのキノコ類に豊富に含まれます。ビタミンD3はアンコウやイワシなどの魚介類、卵黄やバターなどに含まれます。

私たち人間の場合は紫外線を浴びることにより皮膚でビタミンD3が合成されます。しかしながら、犬と猫では紫外線を浴びても合成ができません。特に猫の場合は動物性の食べ物からしかビタミンDを利用できません。犬の場合は、キノコに含まれるビタミンD2を体内で利用することができますが、動物性のほうが利用率は良いです。

栄養的な面から見ても、猫という種がいかに肉に依存して生きてきたかがわかります。また、私たち日本人にとって猫は魚を食べるというイメージがありますが、魚は決して彼らの主食ではありません。猫たちに魚ばかりを食べさせてしまうと、重金属のひとつの水銀の蓄積が問題になります。猫は犬よりも7倍以上も水銀が検出されているのです。

加熱は怖い

ペットフードは高温で加熱処理をされるので、保存ができて便利です。ところが、加熱は条件によっては有害な物質を作ってしまう可能性があるのです。

■アクリルアミド

アクリルアミドは、工業用途において紙力増強剤や水処理剤、土壌凝固剤、漏水防止剤、化粧品（シェービングジェルや整髪剤）などに用いられるポリアクリルアミドの原料として1950年代から製造されている化学物質です。

2002年、揚げたり、焼いたりしたジャガイモ加工品や穀類加工品にアクリルアミドが高濃度に含まれている可能性があることがわかりました。人間がアクリルアミドを大量に食べたり、吸ったり、触れたりした場合に、神経障害を引き起こすことがこれまでに確認されています。さらに、動物実験の結果から、EPA（Environmental Protection Agency：アメリカ合衆国環境保護庁／水質汚染、大気汚染などが管理の対象）とWHO（世界保健機関）がアクリルアミドを〝おそらく発ガン性がある〟として分類しています。

アクリルアミドは、糖質を多く含む原材料を高温（120℃以上）で加熱調理した食品に含まれる可能性があります。当然ドライフードはトウモロコシや小麦などの穀類を多く含み、150℃近い高温で処理されるので、「アクリルアミド」が含まれているのは間違いないと思われます。特に穀類を含まない「グレインフリー」には、ジャガイモが多く使われているので要注意です。ジャガイモはアクリルアミドの発生が一番起きやすい食材だからです。

加熱していない生の食材には含まれませんが、焼いたり揚げたりしたらアクリルアミドが発生します。茹でたり、蒸したりした食品には含まれないので、手作り食の場合には、調理の方法を工夫すると良いでしょう。

■ヘテロサイクリックアミン

突然変異誘発性でガンを引き起こす成分としてヘテロサイクリックアミンがあります。肉や魚を加熱することで発生します。2003年に行われた研究では、25種類のペットフードのサンプルの検査を行ったところ、ひとつを除いてすべてのサンプルで突然変異誘発性試験において陽性を示したと報告されています。さらに、これらの同じサンプルのうちの13種類でヘテロサイクリックアミンが含まれていました。

■AGEs（終末糖化産物／老化タンパク質）

AGEsは、体内で「糖化」を引き起こし、「酸化」と同様に老化の原因として最近注目を浴びてきている現象です。

皮膚や筋肉など、犬や猫の体のほとんどがタンパク質でできています。そのタンパク質に糖が結合することで体内の老化が進行することを「糖化」と呼びます。例えば、脳で糖化が起きれば認知症、血管で起きれば動脈硬化、関節で起きれば関節の変形など、シニア期に問題となる疾患の多くが、この糖化と関係性があることが指摘されています。「タンパク質」は、血液、脳、筋肉、皮膚、被毛、骨、色々な臓器に存在します。「糖化」が体内で起こるということは、これらの臓器すべてに影響を与えるということです。

糖化は血糖値が高い状態が長時間続くと起きやすくなります。以前は、GI値を参考に血糖値の上昇を検討していましたが、近年はグリセミック負荷（GL値）のほうが重要になっています。GL値は、食品100g中に含まれる糖質量にGI値を掛け、100で割ったものです。野菜などはGI値が高くても糖質の割合が低いので、GL値は低くなり、血糖値の上昇は緩やかになります。

例えば、スイカのGI値は72と高いですが、GL値は4です。GI値は70以上が高GI食品です。一方のGL値は10以下が低、11～19が中、20以上は高GL食品となります。小麦、ジャガイモ、トウモロコシなどはGL値が高い食品になり、急激な血糖値の上昇を招きます。

この老化の元凶と言われているAGEsは、ブドウ糖果糖液糖などの異性化糖を日常的に摂取しているとさらに加速します。

唾液、尿、血液などからＡＧＥｓの量を測定する研究が進められているので、将来は簡単に測定することができるようになるでしょう。今のところは、ＡＧＥｓの前段階の物質である「ヘモグロビンＡ１ｃ（HbA1c）」の測定で判定することは可能です。標準値は、犬が２・２〜３・４％、猫が１・８〜２・７％です。

体内で作りだされるだけでなく、食べ物にもＡＧＥｓに変化する物質が含まれています。次に説明するメイラード反応産物です。

■メイラード反応産物

「メイラード反応」という料理の用語を聞いたことはないでしょうか。肉やパンなどに含まれるタンパク質と糖が加熱によって結びついて起こる反応で、香ばしい風味と褐色の焼き色が反応の特徴と言えるでしょう。この風味と褐色が実はメイラード反応の発生を見分けるポイントになります。そして、メイラード反応を起こしている食べ物が体内に入ると、体のタンパク質と結合して糖化を引き起こして、ＡＧＥｓへと変化します。

例えば、長蛇《ちょうだ》の列を作ってまでも食べたい「パンケーキ」を想像してみてください。小麦粉、卵、牛乳などを混ぜて焼き色を付けて、とても良い香りがします。これは原材料の「小麦粉（糖）」と「卵や牛乳（タンパク質）」が結びついて、メイラード反応を引き起こした結果です。醤油やコーヒーの褐色もまたメイラード反応によるものです。

メイラード反応は１４０～１６５度で発生します。最近は80度前後での低温加熱もありますが、基本的にドライフードは１２０～１６０度前後で加熱されて作られます。タンパク質と糖質も豊富です。ドライフードはまさにメイラード反応を起こす条件がそろった加工食品です。

犬と猫のＡＧＥｓの蓄積に関する研究があります。犬と猫のドライと缶詰のフードの中のメイラード反応産物を測定して、それを食べることで生じるＡＧＥｓは、成人と比較して（体重当たりに換算して）、犬において１２２倍、猫において38倍高いという結果が出ています。高温で処理され、同時に糖質とタンパク質を含むペットフード、特にシニアや体重管理用のドッグフードは、50％以上を糖質が占めるため、体内に入ればＡＧＥｓへと変化します。

メイラード反応やＡＧＥｓは、糖尿病、骨関節炎、ガン、腎不全などの疾患と関係があります。ペットフードは毎日口にするものです。毎日の積み重ねによって、老齢期を早め、そしてガンや糖尿病といった重い疾患を抱えることになります。

昔よりも寿命が延びたと言われています。それは、伝染病やフィラリア症などが減ったり、獣医療の技術が進歩したりした結果であって、健康で一生を終えることのできる犬や猫たちはいったいどれほどいるのでしょうか。

完全な食べ物は存在しない

市販のペットフードのパッケージには、「完全栄養食品」という文字がよく書かれています。ペットフードと水だけで必要とされるすべての栄養素を補うことができるということです。しかしながら、ペットフードが世に出て以来、特定の栄養素が不足していることで多くの犠牲があったことは事実です。いまだに犬や猫の栄養についての研究は日々進化する必要があるのです。

■タウリン

【タウリンは猫に欠かせない】

タウリンは猫の必須アミノ酸として知られる栄養素です。繰り返しになりますが、犬や人間とは異なり、猫は自分自身でタウリンを作るために必要となる酵素を十分に持っていません。そのため、キャットフードには合成のタウリンがドライ（0・1％）、缶詰（0・2％）にかかわらず必ず添加されています。元々キャットフードの原材料となる様々な動物性の食べ物にはタウリンが十分に含まれているのですが、加熱によってほとんどのタウリンが失われてしまうのです。タウリン欠乏によって引き起こる健康上の問題は、網膜の退行（眼の問題）、拡張型心筋症（心疾患）、てんかん発作、そして生殖器障害などです。

【犬でもタウリン欠乏が報告】

犬はその他のアミノ酸から体内でタウリンを合成する酵素を持つことから、ドッグフードにはタウリンが添加されていませんでした。しかしながら、数十年前にある特定のフードを食べていた大型犬のニューファンドランドに「心疾患」が増え、「タウリンの欠乏」が原因だということがわかりました。現在では問題となったドッグフードにはタウリンの添加が行われています。また、豆腐がベースになった食事をしている犬も、タウリンの欠乏による心疾患を引き起こすことがすでにわかっています。

■リジン（リシン）

リジンは、必須アミノ酸のひとつです。リジンはタンパク質が合成される時になくてはならないアミノ酸です。次で説明をするカルニチンの合成にも欠かせません。リジンは熱に弱く、さらにメイラード反応によって最も影響を受けるアミノ酸です。メイラード反応によってリジンのアミノ基が糖と結合してしまい、犬と猫が体内でリジンを利用できなくなります。リジンは、肉や魚などの動物性食品には豊富に含まれますが、トウモロコシ、米、小麦などの穀類には十分に含まれていません。大豆などの豆類には肉類と同程度に含まれます。米やトウモロコシが中心のドライフードでは、リジンの不足が起きる可能性があります。成長期に不足したら成長がきちんと行われません。

■カルニチン

カルニチンは、第1章でもほんの少しだけ説明をしているように、脂肪がエネルギーとして利用される時に必要となる栄養素のひとつです。特に心臓には豊富に含まれることで、心臓に十分なエネルギーを供給することが可能になります。

カルニチンは、羊肉、鶏モモ肉あるいは牛肉などの赤身の肉や内臓に豊富に含まれます。さらに、アミノ酸の「リジン」から体内でも合成が可能です。ただし、前述したようにメイラード反応の影響を最も受けやすいアミノ酸がリジンであることは忘れないように。さらに、猫で問題になりやすい腎不全を抱えている場合では、腎臓からカルニチンが排泄されやすくなります。

カルニチンの必要量は、個体に応じて異なってきます。メイラード反応の起きやすいペットフードの場合は、スパニエルなどの犬種によっては足りていない可能性があります。

■合成ビタミンとミネラル

フードの原材料の後半をよく見ると、ビタミン類やミネラル類という文字を見ます。完全栄養食品だと思われているペットフードですが、加熱をされたり保存をされている時に様々な栄養素が破壊されたり、減少したりします。

ビタミンとミネラルは、タンパク質と脂質のように大量に必要とされる栄養素ではありませんが、体の中の様々な化学反応において大切な役割を担っています。いくつかのビタミンは体内で合成されますが、食事からの摂取が欠かせません。生の肉や骨、そして様々な内臓にはこれらの栄養素が豊富に含まれます。ところが、加熱されるフードの場合にはちょっと異なってきます。

みなさんが与えているフードの原材料の後半部分を見てみると、

ビタミン類（A、B1、B2、……コリン、ナイアシン、ビオチン）
ミネラル類（カリウム、セレン、亜鉛、鉄、銅）

といった記載を目にするでしょう。本来含まれているはずの様々なビタミンとミネラルは、加熱・加圧されることで減少してしまい、AAFCO（米国飼料検査官協会：ペットフードの栄養基準やラベル表示に関する基準を制定しているアメリカの団体）などの機関が規定している栄養基準から逸脱してしまうのです。その基準を満たすために、加熱・加圧によって不足するビタミンとミネラルの量を予測して、肉類や穀類と一緒に混ぜられる合成の栄養素が、ビタミン類やミネラル類なのです。これらの合成のビタミンとミネラルが、肉や内臓などに含まれるビタミンなどと同じように働く保証はありません。天然由来のビタミンとミネラルの働きをこれらの合成物質が抑制する場合もあります。

栄養に関係する拡張型心筋症

一般的に小型犬のほうが大型犬よりも長生きをする傾向があります。しかし、本来は体が小さな動物のほうが心拍数は多くなり、体が大きな動物よりも短命です。例えば、1分間の心拍数が約600〜700回のネズミは2年間しか生きることができませんが、20回の象は60年以上も生きることができます。近年、犬、特にゴールデンなどの大型犬ではタウリンが足りていない結果、寿命が短くなっているという報告があります。

■ラム&ライス

犬は体内でメチオニンやシステイン（シスチン）から体内で合成することができるため、特にドッグフードでタウリンは問題にはなりませんでした。ところが、1990年代になって、特定の犬種においてタウリン低下による拡張型心筋症が見られるようになり、調査したところ、「ラム&ライス」を食べていたことがわかりました。これらのフードの原材料としては、ラムミールと玄米があります。ラムミールに含まれるメチオニンとシステインは、体内での利用率が低下すること、そして玄米のふすまはタウリンの腸からの吸収を阻害することがわかっています。また、ラム&ライスを食べている犬に抗生物質を与えるとタウリンは尿から排泄されることもあります。

今では、ラム&ライスにはタウリンが添加されるようになりました。しかしながら、フードによってはラムミールや玄米を使っていても、タウリンを添加していないフードもあります。

犬の「拡張型心筋症」の問題は、アメリカで２０１８年になって再燃しました。「グレインフリー」のフードを食べていた個体で、拡張型心筋症になる犬（一部は猫も）の症例がたくさん報告されたのです。２０２０年2月末の段階で６９８頭の犬が心筋症の診断を受け、１３８頭の犬が亡くなっています。この数値はアメリカ政府が報告を受けた数字です。これらの頭数はあくまでも氷山の一角です。問題の起きた「グレインフリー」のフードでは、90％以上が原材料としてエンドウ豆などの豆類を用いていたことがわかっています。

■気をつける犬種

犬でのタウリン欠乏は、すべての犬種において同等にリスクがあるわけではありません。ある特定の犬種の飼い主さんはより気をつける必要があります。

以下の犬種は食事中のタウリン（あるいは前駆物質のメチオニンとシステイン）不足で心筋症になりやすいことがわかっています。

【ゴールデン・レトリーバー】

最も報告例が多い犬種。原因は不明ですが、他の犬種よりもタウリンの吸収、または合成が悪い可能性があります。

【ラブラドール・レトリーバー】

ゴールデンの次に純血種として発症が多かった犬種です。

【アメリカン・コッカー・スパニエル】

元々心筋症のリスクが高い犬種です。カルニチンの低下にも気をつける必要があります。

【ニューファンドランド、イングリッシュ・セッター、セント・バーナード】

これらの大型犬は、本来ゆっくり成長する必要がありますが、市販のフードでは成長を促しすぎてしまい、それが問題を起こしている可能性があります。


もし飼っている犬がこれらの犬種のひとつであれば、一般的な飼い主さんよりも食事についてより考える必要があるでしょう。

前述の犬種以外にも、ダルメシアン、ボクサー、ポーチュギース・ウォータードッグ、アラスカン・マラミュート、スコティッシュ・テリア、アイリッシュ・ウルフハウンド、ドーベルマン、グレート・デーンは、食べ物中のタウリンと前駆物質には気をつけるほうが良いでしょう。

小型犬は心筋症（僧帽弁閉鎖不全症に注意）にはなりにくいですが、オヤツばかり食べていたり、胃腸に問題を抱えている場合は、リスクが高くなります。

■気をつける食品等

・「ラム＆ライス」のフードではタウリンの添加を確認
・食物繊維としてビートパルプを使っている商品は避ける
・手作り食で加熱食を与えている場合
・メチオニンやシステインが少ない食材を与えている
・大豆を含むフードや豆腐
・タンパク質を十分に含まない、保証分析値が20％に満たない商品
・エンドウ豆やヒヨコ豆などの植物性タンパク質が多く含まれる商品
・カンガルー肉などの珍しい食材
・同じフード会社の同じ内容のフードを長期間にわたって与えている

■タウリンの性質

・植物由来の食品には含まれない

・動物性食品に多く含まれる。卵にはあまり含まれない
・水に溶ける性質があるので、肉を湯がいたり、冷凍するとタウリンは減少する

※タウリンの働き
・心臓（心筋の収縮力）を強化する
・網膜の働きを正常に保つ
・生殖器の健康を維持する
・胆汁の成分を調節する：特に猫は胆汁酸抱合がタウリンでしか行われません。
・神経伝達物質としての作用：脳にはタウリンの受容体はありませんが、脳神経系には大切。タウリン低下はてんかん発作の原因にもなります。
・抗酸化作用

日本では大型犬よりも小型犬の飼育のほうが多いので、あまり問題にはなっていません。しかしながら、エンドウ豆を使ったドッグフードやカンガルー肉がメインのフードなど明らかに心筋症との関連があるのは確かです。大型犬、特にゴールデンやラブラドールの飼い主さんは、気をつける必要があるでしょう。知らない間にすでに心臓に問題を抱えてい

るかもしれません。

この第4章で述べた事柄、例えばアクリルアミドやＡＧＥｓの発生は、何も犬と猫だけの問題ではありません。みなさんが何気なくファストフード店で購入したフライドポテトには、高濃度のアクリルアミドが含まれています。マーガリンをぬったコンガリと焼けた毎朝の食パンもＡＧＥｓがタップリです。自身の食事にも気を配ってほしいものです。

第5章
餌と言わない

20年前と比べると、動物たちにフードではなくて、飼い主さんが手作りした食事を与えることに対してあまり疑問を持たれなくなりました。書店に足を運んでも犬や猫の手作りご飯の本がたくさん並んでいます。

少しずつですが、「ペットの食事イコールペットフード」という考え方が変わってきているのだと思います。広まってきている手作り食ですが、加熱する方法、小麦や白米などの穀類中心の方法など多岐にわたります。

著者がすすめる方法は、生肉を中心とした食事です。肉食動物である犬や猫たちの本来の姿に沿った食事は、やはり骨付きの生肉だと思っています。ですので、この本の中ではあえて、「手作り食」ではなくて「自然食」と呼ばせていただきます。野生とはかけ離れた姿をしていますが、犬はオオカミ、そして猫はライオンと同じように骨付きの生肉を食べることのできる消化構造を持っているのです。その構造に逆らった食事は、体に負担となり、最終的には消化管やその他の臓器に悪い影響を与えることになります。アレルギーや繰り返される胃腸障害が食事と直結しているのは明らかです。

理想の食事

私たち人間の食事を考えた時、朝なら「パンにコーヒー」、お昼は「ラーメンやうどん」、そして夜が「白いご飯、味噌汁、そしてお魚やお肉」。こんな感じで1日の食事が繰り返されるのではないでしょうか。人間の食事には何らかの形で「糖質」が組み込まれています。最近はこの糖質を抜く食事が流行ってはいますが、現代の人間は糖質をエネルギー源とするように体ができています。

では、犬や猫の食事はどうなのでしょうか？

第1章でも説明をしているように、猫は完全に肉に依存をしている生き物なので、米やパンなどの糖質を含む食品は必要ありません。犬は猫ほど肉には依存はしていませんが、やはり肉が中心の食事が理想です。しかしながら、主食であったはずの肉が豊富になかった時代を経験したイヌ科の動物たちは、果実を食べたり、死肉を食べたりしながら生きてきた歴史があります。実際2006年にアメリカのイエローストーン国立公園のオオカミを追跡した研究によると、夏の間、草、果物、ベリー類、種実類を多く食べるということもわかっています。さらに、ある地域のオオカミでは、7月の1週間の食事のうち80%までブルーベリーが占める場合もあったという研究もあります。糞便からもたくさんのブルーベリーが見つかっています。

これらのことを考慮すると、ネコ科の動物の理想的な食事は、ネズミを丸ごと食べることです。ネズミ1匹のエネルギー含有量は30kcalほどです。1日の必要量は10匹程度で、昼も夜も時間に関係なく食べていたのが、猫たちです。なぜ昔の猫たちはネズミを狩るのか？　理由があるからです。ネズミはタウリンをはじめとして、猫が必要とする栄養素をすべて蓄えています。鰹節ご飯をもらっていた猫たちも外に出かけることで、足りない栄養素を補ってきました。

わが家の犬たちを見ていると、散歩の途中で野生のイチゴを食べたり、庭のブルーベリーの実を食べたりしています。おそらく野生のイヌ科の動物も同じように木の実や果物を食べて進化してきたのだと思います。そのため、多少であればこれらの植物も食事の一部になります。草原に出ていったイヌ科の動物はおそらく飢えをしのぐために、糖質をエネルギー源にしてきたことは明らかでしょう。また、腐った肉であっても食べるのを拒否することもなく、喜んで食べます。強酸の胃を持つので、もちろんその後も下痢になるようなことはありません。

自然食の基本

ここでは具体的な自然食の作り方を学びましょう。

■構成

自然食は、骨付き生肉と内臓が基本になります。

【骨付き生肉】

自然食の中心になるのが「骨付き生肉」です。

与える肉の種類によって、鉄や亜鉛などのミネラルの量が多少変化しますが、バランスの取れたタンパク質、そして食物酵素が摂取できます。「生肉」だけではリンが多くなりすぎるだけでなく、様々なビタミンとミネラルが足りません。そこで大切になるのが「生骨」です。生骨と生肉を一緒に与えることで、バランスの取れた自然食を与えることができます。

生肉を犬や猫たちに与えることには、賛否両論あるかと思います。動物病院で「生肉を与えています」と言うと、ほとんどの獣医さんが「やめてください！」と言うでしょう。しかしながら、犬たちは元々死肉を漁っていた動物なので、生肉に付着している細菌の処理はお手の物です。猫は新鮮な食材を好む上に、安全な食べ物しか口にしないので、心配は無用です。さらに第3章でも解説をしているように、十分な胃酸が分泌されていれば、殺菌されてしまいます。さらに、これらの死んでしまった細菌類もまた重要なタンパク質源になるのです。

「生肉」の雑菌に関しては、家庭に小さなお子さんがいたり、化学療法などで免疫力が低下しているなどの一定の条件の元以外では、心配はないでしょう。使った後のまな板や包丁をきちんと洗い、食べ終わった後の食器も放置しないことです。生肉を扱った手をきちんと洗うなど、衛生面には注意が必要です。

「生骨」に関しては、十分な注意が必要です。骨の丸呑みは非常に危険だからです。特に急いで食べる癖のある子や何でも飲み込んでしまう子では、最初に骨を与える時には、気を付けましょう。初めての時は、鶏肉にアレルギーがなければ、様々な鶏の骨を与えると良いでしょう。小型犬や子犬、猫では、入手可能であれば、鶏首が最も安全に与えることができます。手羽中の場合は、面倒でも調理バサミを使って小さくカットすることを忘れないでください。

与える食材によっては骨付きで与えることができない場合もあるでしょう。毎食を骨付きにする必要はありません。その子が食べられる骨付き肉を探して、その他の生肉は骨なしでも構いません。

【内臓類】

自然食において、内臓は非常に重要なパーツを占めています。内臓が与えられないのであれば、自然食ではありません。栄養欠乏で、病気になります。肝臓や心臓などの臓器には、筋肉には含まれない様々な成分が含まれるのです。特にビタミンやミネラルが豊富です。入手可能であれば、腎臓や肺臓などの色々な臓器も与えると良いです。

■割合

動物性食品の１日当たりの摂取量の大体の目安は、体重の１・５％～３％（猫は２～３％）です。体が小さければ、体重あたりの必要となるカロリー量が増えますので、小型犬・中型犬であれば２～３％、大型犬であれば１・５％～２％を目安にすると良いでしょう。あとは運動量などに応じて与える量を調整すると良いでしょう。肉はタンパク質が豊富ですが、肉の量を増やしたとしても、腎臓に悪い影響を与えるようなことはありません。

骨付き生肉と内臓の割合は、

内臓として肝臓だけを与える場合は90％：10％

心臓と肝臓を与える場合は80％：20％（肝臓10％心臓10％）

例を示しましょう。

体重10kgであれば、およそ200～300gの動物性食品が必要です。

200gであれば、骨付き生肉180g、肝臓20gとなります。

骨付き生肉160g、肝臓と心臓40gとなります。

もしも内臓として腎臓や肺臓など様々な臓器を与えることが可能であれば、半分まで内臓にしても構いません。

■その他

・1週間に最低1回は魚を与えると良いでしょう。マグロなどの大型の魚よりもキビナゴなどの小型の魚のほうが重金属の汚染も少なく内臓も一緒に丸ごと与えられます

・卵も殻付きで週に2～3回ほど与えることができます。小型犬や猫では卵黄だけを与え

ると良いです

・野菜や果物は、冷蔵庫に入っているものを上手に利用しましょう。与える量は、犬では動物性食品の半分程度（重さではなくて見た目）、猫は肝臓や心臓などの内臓が入っていれば大さじ半分〜1杯くらいで十分です

・ハーブを使うと便利です。ビタミンCの補給にはローズヒップ。ビタミンとミネラルの補給にはアルファルファ。ミネラル補給にはケルプ。天然のビタミンとミネラルは腸管に無理なく吸収されて、体内で利用されます

■調味料

私たちが普段から料理に使っている調味料も上手に使うと大変便利です。

【植物油】

牛肉やラム肉などの反芻動物を与える場合は、ヘンプ油を添加します。鶏肉などの家禽《かきん》動物を与える場合は、アマニ油やシソ油を添加します。

【バターとギー】

バターやギーは栄養価が高く、香りも良いので食欲がない時やシニアになって腎臓に問題を抱えるようになった場合のエネルギー補給に便利です。

表１　１日分の例

※犬：１日に２回与えているのであれば、記載量の半分ずつを朝と夕方に
　猫：１日に２～３回に分けて与えましょう。絶食は無理のない範囲で

	体重５キロ（３％で計算）	体重 20 キロ（２％で計算）
月曜日	牛肉 120g、肝臓 15g、心臓 15g、グリーントライプ、人参、カボチャ適量、ヘンプ油小さじ半分、岩塩	手羽元３本、ムネ肉 100g、肝臓 80g、心臓 40g、スピルリナ小さじ２杯、シソ油小さじ２杯、岩塩
火曜日	牛肉 120g、肝臓 30g、人参、カボチャ適量、ヘンプ油小さじ半分、リンゴ酢少々、魚油	手羽元３本、モモ肉 100g、肝臓 80g、心臓 80g、人参、カボチャ適量、シソ油小さじ２杯、岩塩
水曜日	キビナゴ 120g、骨スープ適量、岩塩	モモ肉 200g、卵２個、温めたタイ米 50g、シソ油小さじ２杯、岩塩
木曜日	鶏モモ 100g、肝臓 50g、ブロッコリースプラウト、オクラ適量、アマニ油小さじ半分、岩塩	ラム肉 280g、肝臓 120g、キュウリ、人参適量、ヘンプ油小さじ２杯、岩塩、
金曜日	鶏モモ 100g、卵１個、オクラ、シイタケ適量、アマニ油小さじ半分、岩塩、リンゴ酢少々	ラム肉 300g、心臓 100g、グリーントライプ、ヘンプ油小さじ２杯
土曜日	手羽中 120g、心臓 30g、卵黄１個、岩塩、スピルリナ小さじ半分、アマニ油小さじ半分	キビナゴ 300g、温めたタイ米 50g、岩塩
日曜日	１日または半日絶食 脱水防止のために骨スープをたっぷり、または土曜日と同じ内容	１日または半日絶食 脱水防止のために骨スープをたっぷり、または土曜日と同じ内容

※内臓は少量になるので、例えば１週間のうちの月曜日と木曜日を内臓を加える日にして、肉 50g、肝臓 50g、心臓 50g を与えても良いです。１、２週間の長い目で調整してください。

【ココナッツオイル】

植物油と異なって飽和脂肪酸がほとんどなので、加熱しても酸化しにくいです。植物油とは組成が異なるので、植物油と一緒に添加しても問題はありません。

【リンゴ酢】

リンゴ酢は酸性なので、骨の消化を促進してくれます。ミネラルの吸収も助けます。
※必ず生のリンゴ酢を使いましょう
【岩塩】

十分な胃液を作る上で重要です。

■調理器具

自然食では、当然調理器具が必要になります。

まな板、包丁、おろし金、調理バサミ、電子天秤、計量スプーン、フードプロセッサーなど私たちが普段から使っている調理器具を使います。

調理器具として使ってほしくないのは「圧力鍋」と「電子レンジ」です。

圧力鍋は短時間で高温・高圧で調理するために、骨などは軟らかくなり、一見すると良さそうですが、胃腸障害の原因となります。短時間に高温・高圧で調理された食べ物は、犬や猫たちの体にとって脅威でしかありません。

電子レンジでカボチャやブロッコリーなどの緑黄色野菜を加熱すると、抗酸化のパワーが半減します。

■食材の保存方法

生肉などの生の食材には「酵素」が含まれます。この酵素は加熱によって失われるため、フードなどには含まれません。「自然食」には豊富に含まれるので、健康にも良いということで自然食をすすめる場合があります。しかしながら、別の方向から見てみると、酵素には食材の腐敗を促進する働きがあり、食材の質を下げることになります。この酵素の働きを抑制するには、肉を冷凍するのが一番です。通常の家庭用の冷凍庫はマイナス18度ほどです。すべての酵素ではありませんが、解凍すれば、酵素はまた同じように働きます。空気をきちんと抜いて冷凍しましょう。ただしマイナス30度を超えると酵素は元には戻りません。

小型犬を飼育されている場合によくやりがちなのが、野菜を細かく切って冷凍保存。一回に食べる量が少ないので、ついつい面倒になりやってしまいます。しかし、家庭用の通常の冷蔵庫で冷凍してしまうと栄養的な価値が下がります。ちょっと青いものが欲しいなあ、色がついたものが欲しいなあと思う時には、マキベリーやビーツの粉末、あるいは第7章で紹介しているスピルリナやフィトプランクトンなどを利用しても大丈夫です。

気をつけてほしい食材

ほとんどの場合、私たち人間と同じ食材を使うことができますが、中には気をつけるべき食材があります。

■与えてはいけない食材

【タマネギなどのネギの仲間】

飼い主さんであれば、ほとんどの方がご存じだと思います。タマネギや長ネギなどは、溶血性貧血を引き起こします。ニンニクは少量であれば、免疫力を上げたり、マダニやノミの予防にもなるので、体重に合わせて食事に加えると良いでしょう。猫は犬よりも感受性が高いので、小さじ8分の1程度のほんの少量にしましょう。

【ブドウ・レーズン】

いまだに原因物質の特定には至っていません。日本でもレーズンを食べてしまって、腎不全で亡くなった例が報告されています。殺虫剤が問題という意見があったり、ブドウの皮に問題があるという意見があったりします。ほんの少量なら大丈夫と思ってはいけません。ミクロレベルで腎臓の細胞に影響を与える可能性も示唆されています。

【チョコレート・アサイーベリー】

チョコレートを犬に与えてはいけないことは、ご存じの方も多いと思います。「テオブロミン」という神経を刺激する成分を含みます。この成分を犬が摂取すると、長時間にわたって血液中に残留するため、影響を与えます。私たち人間のテオブロミンの半減期（体内で半分になるまでの時間）は、6時間と短いです。ところが犬の場合は17時間半と長いです。半減期が長いということは、それだけ体に影響を与えるということです。

このテオブロミンは、アサイーベリーの中にも含まれるので気をつけましょう。

【ナッツ類】

マカダミアナッツ、カシューナッツ、クルミ。特にマカダミアナッツは、神経毒があります。後軀の麻痺《まひ》、震え、高熱などが起きます。カシューナッツは脂質が高いので、与えすぎると嘔吐などの胃腸障害を起こします。クルミは与えすぎなければ大丈夫です。ただし北米産のクルミの一種のクログルミは、犬に対して毒性があります。猫には毒性はありません。

■気を付ける食材

【ナス科の植物】

ナス科の植物は、トマト、ナス、ピーマン、パプリカ、ジャガイモなどです。これらのナス科の野菜は決して「生」では与えないでください。元々アルカロイドなどを含む毒性の強い植物なので、加熱をすることが大切。また、体のどこかに「炎症反応」が見られる場合は、与えないこと。関節炎、腸炎、皮膚炎、耳の感染症など。ガンも炎症と関わり合いがあるので、悪性リンパ腫などのガンを患っている個体では、与えないようにしてください。

このナス科の中でも特に気をつけてほしいのがジャガイモです。炎症を引き起こすだけでなく、長期間にわたって摂取し続けると尿のpHが弱アルカリ性に傾きやすくなり、膀胱《ぼうこう》炎を繰り返したり、場合によってはストルバイト結石になることがあります。アクリルアミドの問題もあり、GL値も高いので、あまりおすすめできる食材ではありません。

【アブラナ科の植物】

大根、キャベツ、ブロッコリー、白菜などがアブラナ科です。アブラナ科の植物は、イソチオシアネートと呼ばれる天然に存在する成分を豊富に含みます。このイソチオシアネートは、体内の解毒酵素の働きを高めたり、殺菌作用があります。積極的に摂取したいところですが、「甲状腺機能低下症」の場合にはあまりおすすめができない食材です。イソチオシアネートは、甲状腺ペルオキシダーゼという酵素の働きをブロックしてしまい、甲状腺の機能を妨害するのです。同じ作用が大豆のイソフラボンにもあります。

【小麦】

この本の中では小麦については繰り返し解説をしています。犬や猫が抱えている問題にかかわらず、与えないほうが良いです。特に自然食をはじめる時には避けるべきでしょう。

【大豆】

豆腐や納豆などは私たち日本人の食卓には欠かせない食材です。植物性タンパク質が豊富で栄養価も高いのですが、「レクチン」を含むため消化器に問題を抱えている場合は、納豆を週1程度に抑えて、豆腐はやめましょう。また猫に与える場合は、タウリンの低下を考慮して納豆や味噌などの発酵した大豆は毎日ではなくて時々与えるようにしましょう。

【乳製品】

調味料でも紹介したバターやギーは、食欲がない時や腎臓に問題がある場合には利用しても良いですが、基本的に牛乳を含めた乳製品は与える必要はありません。

【アボカド】

種子や皮には「ペルシン」と呼ばれる成分が含まれます。このペルシンは、嘔吐、下痢、胃腸障害などを引き起こします。品種によってこのペルシンの量は異なります。例えばＨａｓｓ種ではほとんど問題はありません。アボカドは「森のバター」と呼ばれるくらいに脂質が豊富です。選ぶ時にはできるだけ黒っぽくて十分に熟したものを与えてください。

■加熱食を与えたい時

本来、犬や猫は上手に生肉を処理できる能力を持っています。ところが、長年にわたって穀類中心のペットフードを食べていたりすると、生肉が体に合わない個体が出てきます。この問題は胃が弱くなってしまった結果です。あるいは体質的に生肉が合わないケースもあります。

「生肉が体に良い！」という先入観から何がなんでも食べさせなければと必死になる飼い主さんがいます。でも、無理やりに食べさせる必要はありません。加熱した肉のほうが体に合う場合もあります。肉の表面だけを加熱するなどして与えると良いでしょう。

どんな食材を選ぶのか

自然食の作り方は理解できたと思います。各々の食材の特徴を見てみましょう。

■反芻動物

反芻動物とは胃を3つあるいは4つ持つ草食動物です。牛、鹿、羊などが反芻動物です。

【牛肉】

牛肉はその部位によってタンパク質や脂質の割合が異なります。犬はできるだけ脂身が少なめの部位を、猫は多少脂身が付いている肉を選びます。牛肉などの反芻動物の脂肪には、オレイン酸が豊富ですが、オメガ6脂肪酸のリノール酸とオメガ3のα－リノレン酸が少量しか含まれません。そのため、リノール酸とα－リノレン酸が豊富なヘンプ油を加えるとバランスが取れます。

牛肉は鉄分が豊富です。鉄分は動物に含まれるものを「ヘム鉄」、ほうれん草などの植物のものを「非ヘム鉄」と呼びます。吸収率が異なり、ヘム鉄のほうが10倍ほど高くなります。遺伝子が働くために必要となる亜鉛も非常に豊富で、成犬と成猫の一日に必要とされる量をほぼ補給できます。また、牛の肝臓（レバー）には、鉄、亜鉛、銅、セレン、モリブデンが豊富です。

【鹿肉】

ジビエで注目を浴びている肉です。家畜化された牛肉に比べると、脂質も低く低カロリーで高タンパク質です。また、牛肉よりも豊富に鉄分を含みます。

※野生動物なので、きちんと処理がなされているかを確認しましょう

【羊肉】

ラム（子羊）とマトンに分かれます。羊肉の特徴は「カルニチン」という成分を豊富に含むことです。カルニチンは、長鎖脂肪酸を細胞内に輸送するのに欠かせません。特に心筋組織では全身に酸素を送る必要があるため、大量のエネルギーを必要とします。そのエネルギーを作る時にはカルニチンが必要となります。

【グリーントライプ】

トライプとは牛や羊などの反芻動物の胃のことです。グリーンはそのトライプの中身のことです。要約すると草などの反芻動物が食べた内容物を含む胃のことだと思ってください。犬や猫たちとは異なり、反芻動物には胃が4つあります。反芻動物にとって一番目の

胃は大変重要です。４つの胃の中でも一番大きくて、微生物がたくさん棲んでいます。この微生物の存在によって体内では作ることのできない栄養素を補うことができるのです。必要とされるエネルギーの半分以上は微生物が作り、胃から血管へと運ばれて利用するのです。牛のあの大きな体に栄養素とエネルギー源を供給しているのは、微生物たちなのです。食べている草などは微生物たちに利用してもらうためにあるのかもしれません。

胃腸が弱い個体や腎臓疾患の個体にも便利に使える食材です。

生で入手することは困難だと思いますが、「フリーズドライ」の製品がありますので、これらを利用すると良いでしょう。缶詰もありますが、缶詰は加熱されているのでグリーントライプとしての価値がなくなってしまいます。ただし加熱をされていてもそのかおりから、嗜好《しこう》性を増してくれるので、食欲がない時などには使えます。

選ぶ時には第一胃、または第二胃も一緒に含むものを選びます。必ず第四胃を含んでいないことを確認しましょう。第四胃は犬や猫たちのような単胃動物の胃と同じように胃酸を分泌します。この第四胃が含まれていれば、大切な微生物は殺されてしまいます。

■家禽

【鶏肉】

鶏肉は日本では一番安く入手可能な肉類です。反芻動物よりもビタミンAを豊富に含みます。

ササミを与えている方が多いかと思いますが、栄養面から見ると「モモ肉」が一番です。スーパーへ行ってササミとモモ肉を見比べてください。明らかに肉の色の違いを感じると思います。ササミは脂身もなくタンパク源としては最適に思いがちですが、おすすめしない部位です。それに比べてモモ肉は、カルニチン、ＥＰＡやＤＨＡ、タウリンなどが豊富に含まれる部位です。余分な皮の部位は必要に応じて取り除いたり、一部を利用したりすることが可能です。

家禽類の脂肪には、リノール酸が豊富で、α－リノレン酸があまり含まれません。そのため、α－リノレン酸が豊富なアマニ油、シソ油、エゴマ油を加えるとバランスが取れます。

【ウズラ】

自然食では、「ホールフード」をすすめています。「ホールフード」とは、食べ物全体のことです。例えば、肉類であれば、筋肉だけでなく、皮や様々な内臓を含む全体のことです。牛をホールで与えることは無理なことですが、「ウズラ」は小さく、内臓を含めたホールの状態で与えることができる便利な家禽類です。飼い主さんが嫌がらなければ、猫もとても喜んで食べるでしょう。骨は軟らかいので、安全に与えられます。

■内臓類

内臓類は必ず何らかの形で与えてください。様々なビタミン、ミネラルの補給になります。

【肝臓】
ビタミンA、B12や葉酸などのビタミンB群、鉄、銅、亜鉛、アミノ酸
【腎臓】
ビタミンA、B12、リボフラビン、葉酸、鉄、セレン
【心臓】
コエンザイムQ10、ビタミンB12、カルニチン、アミノ酸、コラーゲン
【副腎】
ビタミンC、モリブデン
【脳】
オメガ3脂肪酸（DHA）、セレン、亜鉛、ビタミンB12
【トライプ】

消化酵素、プロバイオティクス、セレン、亜鉛、ビタミンB12

■その他

【馬肉】

高タンパク質低カロリーが特徴です。牛肉などに比べるとカロリーが半分以下（１１０ｋｃａｌ／１００ｇ）なので、与える肉の量を増やすなどしないと体重が減ることがあります。鉄分や亜鉛などのミネラルも豊富です。

※鉄分が豊富なので絶対に馬肉だけを与え続けることのないように。過剰な鉄分は体内の抗酸化の力を抑制するため、ガンになるリスクが増します

【豚肉】

豚肉は部位によっては非常に脂質が多くなります。飽和脂肪酸とオレイン酸が豊富なので、鶏肉と同様にアマニ油やシソ油を加えます。豚肉はビタミンＢ１が豊富です。豚の肝臓（レバー）には、牛レバーよりも鉄（豚13㎎／１００ｇ：牛４㎎／１００ｇ）、亜鉛（６・９㎎：３・８㎎）、セレン（67μg：50μg）、モリブデン（１２０μg：94μg）が豊富です。豚肉は動物性食品の中で最も消化が悪いです。発酵食品やパインなどの酵素が豊富な食材を一緒に摂るようにしましょう。トリヒナやトキソプラズマなどの寄生虫が気になる

場合には、1週間ほど冷凍しましょう。

【卵類】

卵は殻ごと与えることで、カルシウムや殻の被膜に存在するヒアルロン酸やコンドロイチンなどの関節に良いとされる成分も一緒に取り込むことができます。卵の殻一個分で約1800㎎のカルシウムが補給できます。体重が5kg前後の犬や猫で約1000㎎のカルシウムが最低必要です。卵も当然生です。卵には、質の高いタンパク質、必須アミノ酸、ビタミンD、E、セレン、硫黄、レシチンなどを含みます。小型犬では卵黄だけでもよいです。あるいはウズラの卵でも良いです。

【魚介類】

猫は魚で育つ！　って思いがちですが、肉で育つのです。1週間に1、2回程度魚の日を作ると良いでしょう。肉に少量しか含まれない活性型のオメガ3脂肪酸を豊富に含みます。第6章で説明をしますが、マグロなどの大型の魚は水銀やPBDEs（ポリ臭化ジフェニルエーテル）の問題があります。キビナゴやイワシなどの小さな魚を丸ごと与えましょう。

カナダの研究では、秋になると川を遡上してくるシャケをオオカミが食べることも報告されています。それも頭部だけを食べて、胴体はそのまま破棄するようです。DHAなどの特定の栄養素を補給しているのかもしれません。

生牡蠣《なまがき》も新鮮なものであれば、亜鉛やタウリンの補給になります。

■植物性食品

植物性の食品は、必要に応じて加えましょう。消化が悪いので、細かくしたり、加熱をしたりして与えます。


【穀類】

白米や小麦でできたパンやうどんなどは犬と猫には必要ありません。ただし、体重を増やしたい場合には白米を上手に利用すると良いでしょう。温めると糖質が小腸で吸収されるので体重を増やす時には必ず温めること。


【いも類】

ジャガイモ、サツマイモ、サトイモ、ヤマノイモなどがあります。いも類はでんぷんが多いので、エネルギーを供給します。穀類と同様に温めましょう。


【豆類】

豆類としては、大豆、小豆、インゲン豆、エンドウ豆、空豆などがあります。大豆が最も与える頻度が多い豆類だと思います。猫の場合は大豆を与えすぎるとタウリンの低下を招くので注意が必要です。また、犬であっても過剰に豆腐を与えるとタウリン低下を引き起こします。大豆は、納豆や味噌などの発酵されたものを与えるようにしましょう。

【野菜類】

ニンジン、カボチャ、ブロッコリー、ほうれん草などの緑黄色野菜は、βカロチン、ビタミンB1、B2、K、C、葉酸が豊富なので、ドッグスポーツなどの活動量が多い個体や飼い主さんがタバコを吸っているような場合は積極的に与えると良いです。

【藻類】

犬と猫は海へ行って海藻を食べるようなことはありません。本来ならば必要はありませんが、土壌に含まれるミネラルは減る傾向にあります。一般的に、カルシウム、カリウム、ナトリウム、鉄が多く含まれます。さらに、昆布、ワカメなどはヨウ素も豊富です。ゴールデン・レトリーバーや柴犬に多く見られる「甲状腺機能低下症」を予防する上でも、週に2、3回ほど食事に添加すると良いでしょう。

【キノコ類】

有効な成分を利用するためにも必ず加熱しましょう。シイタケ、マイタケなどは、β－グルカンが豊富です。キノコの細胞壁に含まれる繊維の一種です。免疫調整作用があります。

【種実類】

アーモンドやピーナッツ、ごまは、脂質が豊富です。少量であれば、カルシウムやカリウムなどのミネラルを補給してくれます。

【果物】

南国の果物にはタンパク質分解酵素が豊富です。キウイ、マンゴー、パイン、パパイヤ、メロンなどです。豚肉は消化が悪いので、これらの果物を一緒にすると消化が良くなります。

■調味料

【植物油】

アマニ油、エゴマ油、シソ油などは、α－リノレン酸が豊富です。ヘンプ油はリノール酸とα－リノレン酸が豊富です。すでに書いたように、特に猫の場合は、植物油に含まれるα－リノレン酸は体内で活性型に変換することが全くできません。しかしながら、被毛や皮膚の健康を保つためには必要ですし、細胞膜の一部にもなります。肉類の種類に応じて様々な植物油を加えると良いでしょう。これらのα－リノレン酸が豊富な植物油は加熱用には適しません。飼い主さんもサラダに使うなどして、一緒に健康になりましょう！

【バター】

植物油から作られるマーガリンを与えることはおすすめしませんが、バターは栄養価が高く、香りも良いので上手に使うと非常に便利です。

【ギー】

ギーはインドで用いられるバターの一種で、ヒンズー語で〝脂質、Ｆａｔ〟を意味します。バターを煮詰めて不純物を取り除いて作られるので、ラクトース（乳糖）、カゼイン（タンパク質）が含まれません。また、蓋を開けてしまっても、室温で2年は保存が可能です。ビタミンAとEが豊富です。腸内を酸性に保つ酪酸やすぐにエネルギー源になる中鎖脂肪酸も含みます。

【ココナッツオイル】

ココナッツオイルは認知症を改善するということで、有名になりました。著者自身もカバンの中には必ず携帯するほど日常的に使っています。ココナッツオイルの主要な脂肪酸は「中鎖脂肪酸」です。小腸で吸収されると、直接肝臓に運ばれてエネルギーとして利用されるため、体脂肪になりにくいのが特徴です。ミトコンドリアの機能を強化することが報告されていて、心疾患、糖尿病、ガン、自己免疫疾患、てんかんなどの様々な疾患のリスクを軽減するとも言われています。

投与量は、小さじ1杯／5kg当たり

※最初は必要量の半分から徐々に増やします

※炭素の数に応じて、脂肪酸は、短鎖脂肪酸、中鎖脂肪酸、長鎖脂肪酸に分類されます

短鎖脂肪酸：炭素が４や６個。酢酸や酪酸。腸内細菌によっても作られます。腸細胞のエネルギー源になり、腸を元気にします

中鎖脂肪酸：炭素が８〜12個。ココナッツオイルでは、ラウリン酸が50％ほどを占めます

長鎖脂肪酸：炭素が13個以上。オレイン酸、アラキドン酸、リノール酸、ＥＰＡやＤＨＡなどはすべて長鎖脂肪酸です。これらの長鎖脂肪酸がエネルギーとして利用される場合には、「カルニチン」が必要です

短鎖と中鎖脂肪酸はカルニチンが必要ありません。そのため即効でエネルギーになります

【岩塩】

海水汚染が深刻化しているマイクロプラスチックについて、21の国と地域から集めた塩、39種類のうち９割からマイクロプラスチックが検出されたと報告されています。特にアジアの国において含有量が多い傾向がわかっています。海水塩ではなくて、できたら岩塩を与えましょう。肉食動物は胃で物を食べることを話しました。そして、そのためには「塩分」がとっても大切なことも学んだと思います。

■サプリメント

サプリメントについては、第7章でもさらに詳しく解説をしています。

【消化酵素】

消化酵素は様々な場面で使うことができます。動物性と植物性があります。植物由来の消化酵素が便利に使えるでしょう。フードから自然食に切り替える時、シニア期になって消化をサポートしたい時など。

【ニュートリショナルイースト】

酵母（イースト）は、数百万もの有機体から構成されています。アミノ酸、ビタミン、特にビタミンB群、ミネラルなどが豊富に含まれます。このニュートリショナルイーストは、ベジタリアンの方のサプリメントとして日本にも輸入されています。人用のものを量の調節をして犬猫には使ってください。

猫および小型犬　小さじ1/8〜1/4杯
中型犬　小さじ1/4〜1/2杯
大型犬　小さじ1/2〜1杯

※酵母に対してアレルギーを起こすことがあるので注意します

【グリーンマッスル（ミドリイガイ）】

ニュージーランドの食用貝のミドリイガイは、グリコサミノグリカン（ヒアルロン酸やコンドロイチン硫酸もグリコサミノグリカンの一種で結合組織や軟骨に多い）を高濃度に含みます。さらにタウリンなどのアミノ酸、核酸、キレート化されたミネラルを含みます。また、抗炎症作用と関係するプロスタグランジン合成抑制作用もあります。EPAとDHAの供給源にも最適です。

自然食の注意点

■バランス

自然食を含めた手作り食の場合は、バランスを気にしすぎて挫折する方が多いでしょう。私たち自身の食事を考えてみてください。完璧に栄養バランスを考えて作ったら、どれほど大変なことか！　魚の日があったり、牛肉や鶏肉の日があったり……自然食も同じです。

肉食動物だからと肉だけを与えたり、内臓は自分が嫌いだから与えられなかったりすれば、必ずバランスは崩れます。「自然食の基本」を守って、たまに手を抜いて、心から大丈夫だよって思えば、大丈夫なのです。

■野菜は控えめ

自然食の主食は「骨付き生肉」です。野菜はあくまでも肉や内臓に含まれない野菜特有の成分、ファイトケミカルや食物繊維を補うだけです。野菜が過剰になると、尿のpHがアルカリ性になりやすくなります。犬猫の尿のpHは酸性です。食後はアルカリ性になりますが、胃が空っぽになれば元に戻ります。ミネラルも尿のpHに影響を与えます。アルカリ性にするミネラルは、カルシウム、カリウム、ナトリウム、マグネシウム、そして鉄。逆に、酸性にするミネラルは、硫黄、リン、ヨウ素、そして塩化物です。野菜にはカリウムが豊富なので、過剰にならないようにしましょう。動物性の食べ物は、リンが豊富なので、尿のpHは酸性になりやすくなります。特に卵は硫黄を含むアミノ酸（メチオニンやシスチン）が豊富です。

■食後

ドライフードは、水分が足りていないので、フードを与えた後にはたくさん水を飲むと思います。自然食は食材の中に十分な水分が含まれるので、食後2時間ほどは水を与える必要はありません。逆に胃液を薄めてしまうので、しばらく時間が経ってからの水分補給をおすすめします。こういった意味でも水の置きっ放しは良くありません。特に猫は新鮮な水を好みます。何時間も室内で置かれたままの水はあまり好きではないでしょう。

■草を食べるのは？

食後に草を食べるのは、胃液の分泌を抑えるためです。胃がムカムカするので、先の尖った細長い草を食べて胃液を緩和します。猫草なども同じような働きがあります。わが家の愛犬ノームは、肉の量が多かった日には、外に出してと催促して、草をムシャムシャ食べます。

■体の変化

自然食に切り替えると、実に様々な変化が体に生じます。

【排泄物】

最初に気付くのが糞便の量です。３分の１から４分の１くらいまで小さくなります。あまりにも小さいので、便秘になったのではと思うほどです。回数も少なくなります。個体によっては、数日おきになる場合もあります。

【飲水量】

食材に十分な量の水分が含まれます。そのため、水を飲む量と回数が減ります。全く飲まなくなる犬もいますので、お水を飲ませる工夫をしてください。「グリーントライプ」をちょっとだけお水に入れたり、ヨーグルトの上澄みを入れたりすると良いでしょう。猫は本来あまり水を飲みません。1週間に数回程度で十分です。


【体臭】

猫は自分で毛づくろいをするので、あまりにおいは気になりませんが、犬の場合は明らかに犬くさくなくなります！　フードを食べている個体ではシャンプーをしてもとても脂っぽくなります。臭うのでまたシャンプーをするという悪循環ができてしまいます。ラブラドールのような短毛の犬種であれば、時々タオルで拭いてあげるだけで、シャンプーする必要はありません。

臭ったり、脂っぽかったりするのは、体の異常を知らせるサインのひとつです。放っておかないで、ちゃんと対応しましょう。


【体重】

十分な動物性タンパク質を摂取するので、体がしまった筋肉質な体型になります。体重の管理もやりやすくなります。世間一般のラブラドールはどちらかというと「ぽっちゃり」していますが、自然食にするとスリムになります。自然食にした2頭目のコトは、最初からフードではなかったので、体が出来上がるまでに時間がかかりました。3歳くらいになってようやく犬らしい体型になったと思います。やはり大型犬は2～3年ほどかけてゆっくりと骨格を作ることが大事なのだと思います。

■ペットフードから自然食への移行方法

移行方法は、1か月ほどかけて徐々に新しい食材を導入してください。大丈夫だろうと思って、いきなり自然食にしてしまうと、表面上はなんともなくても体の内側では大変な騒ぎになっています！　糖質が中心のペットフードとタンパク質や脂質が中心の骨付き生肉では、腸内環境が全く異なります。

フリーズドライやエアドライなどの生肉に近いフードをこの移行期間に使って慣らすのも良いです。消化酵素も使いながらゆっくりと移行しましょう。

※ペットフードに肉を加えることは、食事のバランスを崩すだけでなく、腸内の環境にも悪影響を及ぼします。移行期間は、消化酵素やプロバイオティクスなどを使いながら、行うことが大切です

■日記を書く

日記を書くことはとても大事です。特に自然食へ移行する時はきちんと記録を取っておくと良いです。できたら1年間続けると、季節ごとの体重の変化や体調の変化がわかってきます。

食事内容、体重、排泄物、天候、月の状態（満月や新月）、薬やワクチン接種など色々なことを記録してください。

■大型犬の子犬

小型犬と異なって、ラブラドールやゴールデンなどの大型犬は、ゆっくりと成長します。わが家の場合は、コトとノームを子犬から自然食で育てました。ペットフードを食べている個体と比べると、非常に緩やかに体重が増加します。きちんと骨格ができるまでに3年は必要です。言い換えれば、ペットフードは成長が速すぎるということが言えます。3年程度が必要になるので、ペットフードを食べている子と比較してしまい、体重が増えないことによるストレスを飼い主さんが抱えることになります。数年後には明らかに自然食で育った個体とペットフードで育った個体の違いがわかります。焦らないことが大切です。

猫への自然食

「猫は気まぐれ！」とよく言われますよね。このことは食事においてとても顕著に現れます。自然食にしたいけど、食べてくれないということを聞きます。

猫の食事の切り替えにはとにかく「忍耐」が一番です。自然食への切り替えには、数か月が必要です。場合によっては1年の覚悟が必要でしょう。猫の気まぐれに上手に付き合ってあげることです。この1年間の忍耐が、その後の猫たちの食生活にどれほどの喜びをもたらしてくれるか。

猫の食への好みは離乳期にほぼ決まると言われています。一旦、特定の食べ物に固定されると、新しい食べ物を拒絶するのがほとんどです。市販ペットフードしか食べてこなかった猫では、それ以外のどんな物も食べ物として認識しない可能性があります。

ではどうすればいいのでしょうか？

■猫ご飯のポイント

心を鬼にして無理なくみなさんの生活パターンに沿った時間割を設定しましょう。今まで好きな時間に好きなだけ食べてきた食事パターンを見直します。

・決められた時間以外では食べ物を提供しないこと。1日に3〜4回、15〜30分間だけ食べ物を与えます。その間にはオヤツなども与えません。

・急激に自然食に切り替えないこと。市販フードを食べてきた猫の腸内環境は、自然食には適しません。お腹がびっくりしてしまって、失敗します。

・嗅覚を刺激すること。第1章において、猫は味覚よりも嗅覚が大事だと解説をしています。特にヤコブソン器官を刺激することです。口腔の中（上顎の切歯の裏側）にヤコブソン器官の穴があります。食べ物を食べると同時ににおいを感じます。

・缶詰を利用すること。もしあなたの猫が市販のドライフードだけしか食べてこなかったなら、まずは質の良い缶詰を与えることから始めてみると良いでしょう。必ずＢＰＡ、ＰＢＤＥｓ、そしてカラギーナンを含まないことを確認しましょう（第6章参照）。製造会社によっては、この言葉さえ知らない会社もあるかもしれません。缶詰に慣れてから次のステップです。

■試行錯誤を大切に

さて、ここからがすべての猫たちのスタートになります。

牛肉にアレルギーがなければ、牛肉（みなさんが食べる食材を利用してください）を細かくして小さなお皿に入れて猫の目の前に置いてみてください。

加熱、生のどちらでも構いませんが、冷蔵庫から出したばかりの冷たい肉は与えないように。

【興味を持って食べてくれたら】

いつものキャットフードを少し減らして、減らした分お肉を加えます。猫がもしもっと食べられるようでもいきなり量を増やさないようにします。1週間単位でちょっとずつ増やしましょう。牛肉を3日間与えたら、次は鶏肉を4日間と交互に違うものを与えると良いでしょう。好きな食材、嫌いな食材が出てくるのは猫の個性です。

時間をきちんと決めることを忘れずに！

例えば、朝の8時、夕方5時、夜の9時の3回。

【興味を持ってくれなかったら】

まずは小さじ半分以下から新しい食材を導入します。

好きな缶詰に混ぜても構いません。グリーントライプなどのにおいが強烈なものでヤコブソン器官を刺激したり、猫が好む味のプロリン、グリシン、グルタミン、アラニンなどの甘いアミノ酸を含む骨スープを加えることも良いでしょう（作り方は第3章を参照）。猫の気まぐれに上手に付き合いながら、生肉に興味を持ってくれるようになれば、前述のような戦略で攻めまくります！

■バッチフラワーを使う

バッチフラワーは、ホリスティック療法のひとつです。アロマオイルと間違う場合がありますが、エッセンスではなくて、花の持つエネルギーを利用します。アロマオイルを販売しているお店であれば入手可能です。

バッチフラワーを使う場合は、ウオルナットやバインを使うと良いでしょう。ウオルナットは、引っ越しや新しい食べ物など、何か今までとは異なる新しいことを受け入れる時に必要となるレメディー（治療薬）です。バッチフラワーは、何かしらの精神面による抵抗がある個体に効果的です。

■消化酵素やプロバイオティクスを使う

自然食に切り替える時には植物性の消化酵素を添加します。少なくともプロテアーゼ

（タンパク質分解酵素）、リパーゼ（脂質分解酵素）、アミラーゼ（糖質分解酵素）を含むことを確認します。最も気をつけてほしいことは、ちゃんと食事をしているかどうかです。もしこの切り替えの時に、24時間にもわたって何も口にすることがなかったら、脂肪肝になる場合があります。これは肥満の猫にとっては非常に危険です。

■水銀

ＥＷＧ（Environmental Working Group）という団体があります。環境内に蓄積している物質、野菜や果物に残っている農薬などの分析をしています。

この団体が犬と猫に蓄積している有害物質と私たち人間とを比較したデータを公表しています。犬と猫の排泄物と血液に含まれる有害物質を測定して、人間の結果と比較しています。

水銀は、人が１・０８㎍／dLに対して、犬が０・８２㎍／dL、猫が５・９㎍／dLでした。犬は人の０・７５８倍、そして猫は５・４５倍という結果です。ＰＢＤＥｓ（ポリ臭素化ジフェニルエーテル）は人が42・１ng／gに対して、犬が１１３ng／g、そして猫が９８６ng／gでした。犬は人の２・６７倍、そして猫はなんと23・４倍でした。

水銀は産業廃棄物などから環境中に放出され、河川や土の表面にたどり着きます。そして、微生物によってメチル水銀に変換されます。メチル水銀は神経毒があり、水俣病はこのメチル水銀による公害病のひとつです。

河川に流れたメチル水銀は、魚の食物連鎖に取り込まれ、大型の魚になればなるほど濃縮されて、蓄積します。猫の缶詰によく使われるのはマグロです。ＰＢＤＥｓは脂肪に蓄積されますが、水銀はタンパク質と結合する性質があります。いずれにしても脂が多ければＰＢＤＥｓが、そして赤身であれば水銀が蓄積しています。

このＥＷＧの結果は、手作り食で頻繁にマグロを与えていれば、当然起こりうることです。また、犬であってもアレルギーのために鶏肉や牛肉が食べられず、魚を多く摂取すれば起きてくる問題です。

■腎疾患とタンパク質

第1章で猫では泌尿器系疾患が多い理由について解説をしました。特に腎不全は猫にとっては致命的です。腎不全になると、タンパク質を極端に制限することになります。また、リンの制限も必要になります。腎不全の原因が過剰なタンパク質だと勘違いをされる場合があります。タンパク質が腎不全を作るわけではありません。タンパク質の質の悪さが腎不全を作ります。トウモロコシや小麦などの質の悪いタンパク質が多くなればなるほど腎臓への影響は大きくなります。

シニア期

犬と猫たちはいずれ年を取ります。そして、当然別れの時を迎えます。シニア期の動物たちの健康状態は、若い頃にどんな生活をしてきたかによって変わります。このあたりは人間と同じですよね。

■食事

シニア期の食事は「タンパク質」が大事です。いまだに低タンパク質が大事だと思っている方もいるのではないでしょうか。年を取ったからといって食事を何か特別なものにする必要はありません。自然食の中にはシニアが必要とする栄養素はすべて入っています。

ただし、消化酵素などは弱った胃腸を助けるので、サプリメントは上手に使いましょう。

ムギとコトは最期まで目は見えていました。これは、強い抗酸化作用のある「マキベリー」を意識して与えていたからだと思います。

■動くこと

大型犬の場合、動けなくなることは致命的です。飼い主さんの負担も大きくなります。様々な考え方があるかとは思います。トイレシートを使って室内での排泄だけにすることは楽だと思います。ですが、わが家の犬たちはみんな室内ではなく、外で排泄をさせます。そうするとオシッコをさせる時に犬たちを外に出してあげる必要が出てきます。外に出れば、当然動きます。そこが土であれば、地球のエネルギーをもらいます。太陽の光も浴びます。

トイレシートだけに頼っていると、ついつい飼い主さんも犬たちを外に連れだすのがおっくうになってしまいます。タワーマンションに住んでいれば、なおさらでしょう。面倒でも、雨が降っていても、必ず外に出ましょう。

わが家は玄関から外に出ると、数段の階段があります。こういった階段もシニアにとっては足腰を鍛えるためのチャンスになります。よくスロープを作ったりするお家もありますが、逆に足を上げる機会を減らすことになります。色々な家の中の障害物も足腰を鍛える道具になることを忘れないでほしいです。

■最期の時

大切な動物たちとの別れは辛く耐え難いものです。

ムギは亡くなるちょうど1週間前から食事を受け付けなくなりました。最初は今まで食べたことのなかったファストフードの揚げ物にケチャップをつけたりして、なんとか食べ物を与えようとしましたが、ムギの意思は決まっていたようです。そのため私たちも無理強いはせず、最期の時への準備が始まったのだと受け入れました。亡くなる前日まで自分で庭までちゃんと歩いて排泄もできました。亡くなる前日の夜からは眠り続け、最後は眠るように逝ったと思います。

思いますと書いたのは、ムギはひとりで亡くなったからです。飼い主の思いとしては、腕の中で……が理想なのかもしれません。著者は東京、著者の姉はムギをひとり残して、仕事に行く必要がありました。「帰ってくるまで待っていて！」の言葉ではなく、「逝きたい時に逝っても良いからね」と言葉をかけて出かけました。冷たい飼い主だと思う方もいるでしょう。しかし、動物の立場からすれば、おそらく亡くなる姿は見せたくないのではと著者は思います。年を取った飼い猫が急にいなくなって、そのまま戻ってこないという話は昔はよくあったでしょう。また、「待っていて！」のひと言は、犬や猫の自然な死を妨げることにもなるでしょう。

コトは、亡くなる3日前から何も食べなくなりました。食べることが何よりも大好きだった犬です。生きるために一番大切なのは食べることです。その食への興味がなくなったということは、命の終わりを意味します。私たちはそれを受け入れることが大切なのです。亡くなった後で、もっと何かできたのではと後悔される方がいます。私たちには何もできなくて当たり前なのです。命の前では無力です。

コトの場合は、風が気持ちよいお昼にナイトとノーム、そして著者の姉に見守られながら、ひと呼吸ふーっと息を吐いて静かに静かに亡くなりました。

今、ムギとコトは大きなメタセコイアの木の根元に静かに眠っています。

自然食は決して難しくはありません。犬猫がどんな生き物で、何を食べてきたのかを理解すれば、自ずとわかってくるかと思います。あとはチャレンジあるのみです。ご自身のできる範囲の中で始めてください。無理をしないこと。ご家族がいれば、みんなを巻き込んでください。家族みんなで悩んで、学んでください。1年後、素晴らしい変化を体験するでしょう。

第6章

フードは袋の表示を見て選ぶ

犬と猫を飼う理由として、「生活に癒し・安らぎが欲しかったから」という項目は30％を超えています（一般社団法人ペットフード協会調べ）。飼い主として、安らぎを与えてくれる犬と猫に何をすることが一番大切なことになるのでしょうか。一緒にいるだけで彼らは十分に満足なのかもしれませんが、やはり食事は大切な要素のひとつでしょう。私たちが口に入る食材を気にするように、彼らの食事にも気を遣ってほしいと思います。私たちよりもこの世界にいる時間は短いのですから、1回の食事がどれほどのインパクトを体に与えるのか……。

グレインフリー

「自然回帰」という言葉を用いて、肉食動物である犬と猫の本来の食事により近い内容のフードを作る会社が出てきました。本来、犬と猫は穀類を必要としないため、グルテンフリーやグレインフリー（穀類フリー）を前面に出したペットフードが主流を占めつつあります。

■穀類の役割

みなさんが犬や猫に与えているドライフードは、「押し出し成型（エクストルード）」と呼ばれる加工方法が用いられています。市場に出回っているおよそ95％のフードがこの方法で作られています。生肉やミートミールなどの獣肉類とトウモロコシや玄米などの穀類を粉にしたものに、水分とミネラル、ビタミンを加えた原材料を加圧・加熱（34～37気圧・80～２００度で10～２７０秒間加熱）、成型、切断する一連の流れを行う機械です。１９４０年代頃からペットフードではこの方法が用いられてきました。

このエクストルードの製造方法では、原材料をまとめるために30％ほど穀類を加える必要があります。小麦がその代表的な穀類です。小麦のグルテンは、優秀な接着剤になります。

■グレインフリーとは

「グレインフリー」のフードが増えた背景には、いくつかの理由がありますが、大きな動きのひとつに「より野生の動物に近い食事」という考え方が浸透してきたからです。また、これらの穀類に対してアレルギーを起こす個体も増えたこともその理由のひとつになるでしょう。穀類フリーのフードでは、小麦、トウモロコシ、米、大麦などの穀類に加えて大豆も入っていない製品もあります。

前述したように、特にグルテンは固形フードをひとつにまとめるという重要な働きをします。そのため、グレインフリーやグルテンフリーでは、これらの代替の原材料が必要になります。そのため、ジャガイモやサツマイモ、あるいはエンドウ豆やヒヨコ豆などの豆類が使われているフードが作られるようになりました。しかしながら、これらのフードにおいて特に問題視されているのが、「拡張型心筋症」を発症する個体が増えていることです。この拡張型心筋症については第4章を参照ください。日本は小型犬の飼育頭数が圧倒的に多いので、問題が大きくなっていません。大型犬、特にゴールデン・レトリーバーの飼い主さんは気をつける必要があるでしょう。

穀類の問題

最近のフードの傾向として、「グレイン（穀類）フリー」の商品が増えてきたことは説明をしました。ここではあまり日本では触れられていない穀類の問題について説明しましょう。

■カビ毒

日本の梅雨の時期、食パンなどにはカビが発生することがよくあります。少しくらいなら大丈夫と思いがちですが、カビが作りだす「カビ毒」には危険が潜んでいます。

カビ毒はマイコトキシンとも呼ばれ、毎年のように米国ではリコールが起こるほどに問題となっています。その名前のとおりに、カビ毒はカビが作り出す有害物質です。ナッツと豆類、そしてトウモロコシ、小麦、米などの穀類に、このカビ毒が発生しやすいです。熱に強いために、加熱殺菌処理されたペットフードの中にも残っています。

カビ毒にはいくつかの種類があります。ペットフードで問題となりやすいのが、アフラトキシンB1、ボミトキシン、フモニシン、あるいはオクラトキシンです。

アフラトキシンB1は、ナッツ、トウモロコシ、米、麦類などで発生し、天然物質の中で最も発ガン性が強いと言われています。摂取してから5年前後に肝臓ガンを発症することがわかっています。人の肝臓ガンの発症の原因としてもアフラトキシンは問題となっています（全世界で年間2万人）。

ボミトキシンは、麦類や牧草の種子に寄生する麦角菌《ばっかく》が産生するカビ毒。下痢や嘔吐などの消化器障害を引き起こします。１９９５年にはアメリカのフードで大きな被害がありました。

フモニシンは、トウモロコシで発生し、あらゆる臓器に影響を与えますが、特に肝臓ガンを引き起こします。

最後のオクラトキシンは、ナッツ、トウモロコシ、そして麦類で発生し、腎臓ガンや腎臓障害を引き起こします。猫に多い腎不全とも関わり合いがあるかもしれません。

これらの毒物にさらされると、たとえ低用量であっても犬や猫の体に害をもたらし、貧血、肝疾患、腎疾患、ガン（肝臓ガンや脾臓ガン）、そして若い時期での死を引き起こすこともあり得ます。たとえ穀類を含まないドライフードであっても、糖質をたくさん含んでいる製品は要注意でしょう。特に湿度の高い環境内では、フードを貯蔵している間にカビが発生してしまうこともあります。

■貯蔵庫ダニ

貯蔵庫ダニは、あまり聞き慣れない言葉だと思います。

神戸において幼児が開封して1年以上が経った小麦を含む製品で作ったタコ焼きを食べて、アナフィラキシーを起こした事件がありました。これは、小麦製品の中で増殖した小さなダニが原因で起きました。このダニが「貯蔵庫ダニ」です。

「貯蔵庫ダニ」は、20年ほど前からヨーロッパにおいて研究が始まった比較的新しい問題です。当初は私たち人間の加工された食品において貯蔵庫ダニの調査が始まりました。獣医学の領域では、２００３年に学会で貯蔵庫ダニと犬や猫の皮膚アレルギーとは関連性があるということが初めて発表されました。アトピー性皮膚炎の個体で行われた研究では、90％がこの貯蔵庫ダニへの抗体を持っており、アトピー性皮膚炎の原因物質の可能性も指摘されています。

貯蔵庫ダニは、０・２～０・５㎜と非常に小さく、肉眼で見ることはできません。主にシリアルや穀類を含むドライのペットフードで見つかります。ダニは、小麦などの穀類を食べたり、ダニの排泄物を食べたりして、増殖していきます。ほとんどの健康な犬や猫たちにとって、ペットフードの中の貯蔵庫ダニは問題を起こしません。しかしながら、一旦アレルギー反応が起きたら、貯蔵庫ダニを摂取するたびに反応が起きるようになります。また、もともと皮膚疾患を持っていて、アレルギーを起こす素因を持っている場合には、アトピー性皮膚炎や耳の炎症の引き金になるかもしれません。

２００８年にブラジルにおいて、皮膚疾患の犬のために作られた10種類の異なるブランドのドライドッグフードを検査した研究があります。10種類のうちの２つで、開封したその時点ですでに袋の中にダニがいました。さらに、５週間後室温（高温で高湿）で保存していたところ、10種類のうちの９つでダニが含まれていました。開封後のフードの管理には気をつける必要があります。

現在の技術では、この貯蔵庫ダニの問題をゼロにすることはできないと言われています。小麦が含まれないグルテンフリーやグレインフリーであっても、貯蔵庫ダニが潜んでいるかもしれません。この問題は何もペットフードだけに限ったことではありません。私たち人間が口にするグラノーラなどの加工された食品であっても貯蔵庫ダニには留意する必要があります。

脂質と酸化防止剤

脂質はエネルギー源になったり、コレステロールを供給したり、ひとつひとつの細胞を守る細胞膜の一部になったりする、体にはなくてはならない栄養素です。大切な栄養素ですが、酸素や光に触れることで「酸化」という反応を引き起こします。脂質の酸化は、フードの劣化を引き起こし、場合によっては有害な物質に変化します。フードを製造する会社にとっては、脂質を酸化させないことが、その品質を保つためには大切になります。

■天然の落とし穴

著者がペットフードに意識を向け始めた2000年当初は、ペットフード会社は当然のように酸化防止剤として、「エトキシキン」や「BHA（ブチルヒドロキシアニソール）」などの合成の添加物を使用していました。10年ほど前からは、「ローズマリー抽出物」や「トコフェロール」などの天然だと思われている添加物を使用したフードが主流を占めてきています。「エトキシキン」は遺伝子組み換え作物で有名なモンサント社によってゴムの硬化剤として開発され、ベトナム戦争で使用された枯葉剤の防腐剤にも使われました。また、犬での肝臓と腎臓におけるガンの発症と関係性があることも指摘されています。このエトキシキンは日本の食品衛生法では使用が禁止されていますが、ペットフードへの使用は認可されています。ペット大国のアメリカでは、人では5ｐｐｍの使用が認められていますが、ペットフードに対しては150ｐｐｍまでの使用を認めていました。ところが、1997年にはその半分の75ｐｐｍに下がりました。肝機能の問題とエトキシキンとの間に関連性があることがわかり、米国食品医薬品局（ＦＤＡ）が75ｐｐｍ以上（犬）の使用を禁止しました。日本においても猫は150ｐｐｍ（犬は75ｐｐｍ）が上限になっています。

庭先に鎖でつながれ、番犬として飼われていた犬たちが家の中で飼われるようになり、野良猫たちもいなくなり、室内飼育へと変わっていく中で、「犬や猫たちは家族の一員」という意識が一般的になっていきました。飼育の仕方だけでなく、口に入る食べ物も気にする飼い主さんが増えていきました。体に害を及ぼすかもしれない添加物ではなくて、もっと体に優しい物を……ということで、「ローズマリー抽出物」などを使うフードが主流になっていきました。

これらの天然の酸化防止剤にも当然欠点はあります。「酸化防止剤」は、ドライフードに含まれる脂質が酸素や光により酸化しないようにするために添加されます。

フードを与えている方は、ちょっとフードの袋の原材料の最後を見てみてください。ＢＨＡ、没食子酸プロピル、トコフェロール、あるいはローズマリー抽出物などの名前を見ると思います。もしも前半の２つが入っているのであれば、脂肪の酸化を抑えるパワーは非常に強力なので、フードの管理に神経を使う必要はありません。袋を開けて一年経っても脂肪が腐ることはありません。それほどに強力なのです。長年にわたってフード会社がＢＨＡなどの合成の酸化防止剤を使ってきた理由はそこなのです。しかしながら、もともと石油などの酸化を抑える目的で作られたＢＨＡは発ガン性が疑われています。没食子酸プロピルは、遺伝子に突然変異を引き起こす変異原性があることがわかっています。

では、後半の２つが入っているのであれば、袋を開けたあとのフードの管理はとても神経を使ってください。なぜならば、管理の仕方が悪ければ、脂肪が酸化してしまい、犬や猫たちに害を与える結果になるかもしれません。フードを開けた時点で脂肪がすでに酸化を始めているかもしれません。

また、フードを買ってきた当初はとても食い付きが良いのに、しばらく経つとなぜか食べなくなるという経験をされた飼い主さんもいるのではないでしょうか。食べなくなった理由のひとつが脂肪の酸化です。私たちにはわからない微妙なにおいの変化や味を犬や猫たちは敏感に感じ取り、食べるのを嫌がるのです。特に猫が食べるのを拒絶する場合は要注意です。

この脂肪が酸化するとどうなるのか。

食中毒の原因になったり、アレルギーを引き起こしたり、老化を速めたりします。細胞やDNAを傷つけるため、ガンの引き金にもなります。

みなさんの管理の仕方が悪いと、袋の中で脂肪はどんどん悪いものへと変化していくのです。

脂肪の酸化を抑えるためにも以下の点に注意をしましょう。

・大きな袋を買わないこと：大型犬であってもできるだけ小さな袋を買いましょう。
・消費期限を確認：私たちが牛乳を買う時に気にするようにフードがいつ製造されたのかも気にしてください。
・においを確認：最初に袋を開けた時にきちんとにおいを嗅いでみること。また、新しいフードを犬や猫たちが食べない時には要注意。
・袋を開けた日付を記入：習慣にしましょう。

・できるだけ2週間以内に消費：袋を開けたら早めに消費すること。
・冷凍庫に保存：「貯蔵庫ダニ」の問題もあるので、小袋に個別に入れて保存。水分が10%前後のフードであれば、冷凍しても問題はありません。

購入後のフードの管理の仕方にもどうぞ気を遣ってください。高いフードであっても、管理が悪いと中身は安いフードに変わっていきます。

■魚油って体に良いのかな？

魚油に含まれるEPA（エイコサペンタエン酸）やDHA（ドコサヘキサエン酸）は、炎症を抑えたりする働きがあり、動物病院でも使われる機会が増えてきています。そのため、ドライフードに魚油を添加する会社が多くなってきました。アレルギーや皮膚炎などを抱えている場合は、魚油を含むフードを与えているケースが多いかと思われます。

フードの注意点として、「脂肪の酸化」を説明しましたが、実はEPAとDHAは最も酸化しやすい油のひとつです。フード会社がフードを作る時に、原材料を色々な会社から購入して作ります。鶏肉はA社、小麦はB社など。そしてこれらの原材料を混ぜてから、独自に酸化防止剤を加えるのです。

魚油も魚油を売っている会社から購入します。油なので、当然酸化防止剤を添加して販売されます。しかし、ここからが問題なのです。前述で説明した「エトキシキン」を使っている場合があるということです。「ローズマリー」などが酸化防止剤として使われていたとしても、エトキシキンの文字を確認できなくても、魚油が使われていればエトキシキンも使われている可能性が高いのです。それほどに魚油は酸化するのです！　逆にもしもフード会社側が、「ローズマリーしか使っていません」と主張するならば、1日でも早く消費しなければ、酸化した魚油を犬や猫たちに与えることになるということです。せっかく体によいフードを与えていても、アレルギーやかゆみをひどくする結果につながります。

可能であれば、皮膚が弱い個体では、これらの魚油を含まないフードを購入して、別に魚油を添加しましょう。最近では、魚油だけを別にして販売しているペットフードもあります。

気にしてほしい隠れた原材料

ペットフードには、本来の化学的な名前ではなくて簡素化した栄養素の名前を記載している場合が多くあります。また、原材料が汚染されていることもあります。無添加と表示されていたとしても、原材料によってはキケンな成分が隠れているかもしれません。

■ドライフード

【メナジオン（ビタミンK3）】

天然に存在するビタミンKは2種類あります。緑黄色野菜、海藻類、植物油などに含まれるビタミンK（フィロキノン）と、もうひとつは腸内細菌によって合成されるビタミンK2（メナキノン）です。

ビタミンK3は天然には存在せず、ビタミンKの合成の形態で、メナジオンとも呼ばれます。大量摂取では毒性を示すため、人での使用は認められていません。市販ペットフードに添加されている場合は、このメナジオンだと思ってください。このメナジオンは、肝細胞における細胞毒性やアレルギー反応の誘発が問題となります。

【亜セレン酸ナトリウム】

セレン（セレニウム）は、微量元素のひとつです。近年、効果的な天然の抗ガン物質として注目を浴びてきています。主に植物の中に見つかるセレンを含むアミノ酸であるセレノメチオニン、そして内臓などに見つかるセレノシステインが自然の中では存在します。ほとんどのドライフードには、無機の形の亜セレン酸ナトリウムが使われています。亜セレン酸ナトリウムは、アメリカの国家毒性プログラム（National Toxicology Program）では、毒物と認定されています。２００３年の"The Journal of Nutrition"（栄養学の学術誌）で次のように述べられています。「食べ物の中のセレンの吸収、組織内での利用、そして排出は、亜セレン酸ナトリウムとは全く異なる。」

アメリカでは、このタイプのセレンは有害だと考えられています。原材料のミネラル類の中に、亜セレン酸ナトリウムあるいはセレンという文字がありませんか？　動物では腹水貯留、肝臓と脾臓の障害、貧血が報告されています。

セレンはビタミンEとともに体内で抗酸化物として大変重要です。セレンは、海藻類、内臓や動物性タンパク質などに含まれています。不足も心配ですが、サプリメントなどからの摂取は逆に過剰になります。

【メラミンの混入】

２００７年にアメリカで起きた大規模なペットフードのリコールを覚えているでしょうか？　中国からアメリカに輸入された小麦グルテンと米タンパク質に故意に「メラミン」というチッ素化合物が添加されており、腎不全で犬と猫が亡くなったのです。腎不全の原因は、メラミンとシアヌル酸の結晶でした。シアヌル酸はメラミンの類似化合物で、質の悪いメラミンにはシアヌル酸が混入していることがあります。この２つが同時に腎臓に集まるとメラミンシアヌレートという混合物を作って、腎臓の機能不全を起こします。

確実な数値はわかっていませんが、最終的には、８５００頭の動物が死亡し、そのうち１９５０頭の猫、２２００頭の犬が亡くなりました。

アメリカではこのリコールの後に、手作り食に移行する犬と猫の飼い主さんが増えました。

このメラミンの問題以降、各々のフード会社は独自に自社のフードに含まれるメラミン、シアヌル酸の検査を行うようになりました。日本の場合は、食品中に２・５㎎／kg以上のメラミンを含んではいけないことになっています。きちんと検査を行っている会社を選ぶことも大切です。

【ペントバルビタール】

ペントバルビタールは、短時間作用型の麻酔薬や睡眠剤です。また、動物たちを安楽死する時にも用いられます。

１９９０年代に入って、アメリカの獣医師たちから犬の麻酔の効きが悪くなっているという報告が多数寄せられるようになりました。そこで、１９９８年に米国食品医薬品局（ＦＤＡ）が調査を始めました。当初、ＦＤＡは、殺処分された犬や猫たちがフードに含まれているのではと疑い、主要なペットフードの中に犬や猫が含まれていないか、遺伝子検査を行いました。結果は、ネガティブでした。結局のところ、安楽死された牛がペットフードに使われていたことが発見されました。ＦＤＡは、この事実を公表しようとしましたが、フード会社からの圧力があり、また少量のためあまり影響はないと判断して公表をしませんでした。

麻酔薬は脂肪に蓄積するので、「動物性脂肪、肉骨粉」などが含まれるフードを避けることが大事になります。このペントバルビタール（麻酔薬）の問題はまだ解決されておらず、２０１６年には次のような事件も起きました。

アメリカでは２０１６年の年末に、缶詰を食べた4頭のパグの状態が悪くなり、１頭が亡くなりました。この原因も缶詰に混入したペントバルビタールでした。

大晦日にいつものドライフードの上にトッピングとしてある会社の缶詰を与えたところ、

15分もしないうちに4頭のパグたちが変な行動をし始め、フラフラで酔っぱらったような感じで倒れてしまったというのです。救急動物病院にすべての犬たちを連れていき、治療を受けさせたのですが、悲しいことに1頭は亡くなってしまいました。

死亡した犬は解剖され、与えられた缶詰の検査も行われました。結果は、死亡した犬の胃の内容物と開けられた缶詰の中身の両方にペントバルビタールが見つかりました。

本来であれば、ペントバルビタールで安楽死をされた動物は、ペットフードに使われる製品として流通させてはならない規定があります。なぜ混入があったのかは解明されていません。

【フッ素】

工業的規模での生産がアメリカで開発され、フッ素樹脂、防腐剤、殺虫剤などに使われています。フッ素は単体ではなく、化合物として使われます。一般的に極めて安定していて、長期間変質しません。そのため、環境内でも分解されにくく、残ります。むし歯の予防のために、水道水の中にフッ素を添加する国もあります。骨に蓄積やすい性質を持ちます。

実は、フライパンの焦げ付きを防止するためのテフロン加工も、フッ素化合物のひとつです。PFCs（パーフルオロケミカルズ：過フッ素化合物類）という撥水《はっすい》加工された洋服や敷物にもフッ素化合物が含まれています。

骨肉腫は犬において最もよく見られる悪性の骨のガンです。アメリカでは年間8000頭の犬たちが犠牲になっています。素早い骨の成長によって、特に大型犬で問題になります。骨肉腫の原因のひとつとしてフッ素があります。過剰なフッ素は骨に蓄積し、場合によっては悪性のガンを引き起こします。

一般的に出回っているドッグフードの検査を行ったところ、10種類の中の8種類において、EPAが安全だという最大量の1・6~2・5倍の量のフッ素が見つかっています。家畜がフッ素の入った水を飲んだり、フッ素の豊富な土壌の草を食べることで家畜の骨に蓄積されます。ビーフミールやボーンミールなどを原材料にすることで、フードにもフッ素が含まれます。

体重5kgの子犬がこれらのフッ素を含むドライフードを1カップ食べると、1日に体重1kgあたり0・25mgのフッ素を消費することになります。この量は、安全とされる量の5倍にもなります。

実際に測定して人と比較すると、犬は人の3倍も検出されます。猫は人とほとんど変わらない値です。

■缶詰とその他

缶詰は、嗜好性を増したり、猫の水分補給になったり、飼い主さんにとっては非常に便利なペットフードなのは明らかです。しかしながら、缶詰には様々な問題があるのもわかっています。缶詰の原材料だけでなく、隠された有害な成分にも目を向けてほしいと思います。ここではあまり知られていませんが、問題になっている添加物について解説をします。

【ポリ臭化ジフェニルエーテル（ＰＢＤＥｓ）】

ポリ臭化ジフェニルエーテルは、１９７０年代から洋服、家具、家電、壁紙、カーテンなどに使われてきた難燃性化学物質です。特にプラスチック製品は、そのままでは非常に燃えやすいため、用途に応じて難燃性物質が配合されています。ＰＢＤＥｓは環境へと漏れ出て、内分泌系、特に甲状腺を破壊することで知られています。

猫に多く見られる「甲状腺機能亢進症」という疾患をご存じでしょうか。猫を飼われている方なら聞いたことがあるかもしれません。この疾患は名前のとおり、甲状腺と呼ばれる臓器の働きが増すことで生じるものです。20年以上前から、ドライフードと缶詰の両方を与えられている猫のほうが、ドライだけの猫よりもこの疾患の発生率が2～3倍に増えるということが言われていましたが、この疾患の原因物質はナゾでした。

そこで色々な成分を検査したところ、健康な猫に比べて、血液中のＰＢＤＥｓの値が甲状腺機能亢進症の猫では数倍も高いことがわかり、近年では猫の甲状腺機能亢進症の原因物質はほぼ「ＰＢＤＥｓ」だと結論づけられています。様々な生活用品に使われたＰＢＤＥｓは、環境内に流れでて特に海産物に蓄積しています。猫の缶詰では、マグロなどの魚介系が多く使われています。ＰＢＤＥｓの蓄積はマグロやカツオが最も影響を受けやすいこともわかっています。

ここで注意してほしいのが、ＰＢＤＥｓは様々な家電製品、壁紙や床材に使われているということです。缶詰を与えていなくても、環境内にＰＢＤＥｓが存在することも忘れないでください。

猫におけるＰＢＤＥｓのレベルは、私たち人間の20～１００倍、犬では５～10倍。犬でのレベルが低いのは、猫よりも代謝時間が速く、分解する酵素を持っているからです。さらに、猫の場合はグルーミングによって室内に残留するＰＢＤＥｓを摂取するために、高くなるとも言われています。

猫の甲状腺機能亢進症有病率は、全体の平均が６・５％でしたが、年齢が上がるにつれて有病率は上がります。７歳以下では０・１３％、７～13歳では５・５％、そして13歳以上では18・５％という結果でした。13歳を超えると、５頭に１頭が甲状腺機能亢進症になっているというのが現状です。

犬では「甲状腺機能低下症」が問題になりがちですが、室内飼育で、マグロやカツオを含む魚介系の缶詰を食べているなどの条件がそろえば、この疾患になる可能性は高くなるでしょう。

２００５年、またはそれ以降に製造された発泡プラスチックには含まれてはいないのですが、いまだに含まれているＴＶやＰＣがあります。ＰＢＤＥｓは、２００９年に「残留性有機汚染物質に関するストックホルム条約」に登録されて、有害物質として国際的に規制されることになりました。規制されても環境内に残留しているＰＢＤＥｓは、魚介系の缶詰を通して猫や犬たちの体に影響を与え続けます。

【カラギーナン】

カラギーナンは海藻から作られる天然の増粘多糖類です。増粘多糖類はトロミや粘性を持たせたり、ゼリー状に固めたりするために用いられます。カラギーナンは、猫では「大腸炎」を引き起こすことが報告されていて、二次的に「悪性リンパ腫」になることがあります。犬においても、アレルギーや胃腸障害の原因になることを指摘している獣医師がいます。また、免疫機能に悪影響を与える可能性があるため、使用を避けるように推奨している国もあります。

缶詰やパウチタイプのペットフードに使われていますが、増粘多糖類の表示にはちょっとしたトリックがあります。例えば、増粘多糖類（カラギーナン）と書かれている場合と増粘多糖類しか書かれていない場合があります。実は、2種類以上を使用している場合には、増粘多糖類と記載するだけで良いのです。飼い主さんには何が使われているかはわかりません。心配な場合には問い合わせると良いでしょう。

【ビスフェノールA（BPA）】

ビスフェノールA（BPA）は、エポキシ樹脂、ポリカーボネートなどの製造に使用される合成有機化合物です。内分泌攪乱《かくらん》化学物質として知られています。エストロゲンと似た作用を持ち、脳機能障害、尿路系疾患、心疾患、2型糖尿病、肝炎、喘息、生殖器障害とBPAとの高い関連性が見つかっています。PBDEsと同様に、猫の甲状腺機能亢進症との関連性も指摘されています。酸、酵素、ビタミン、ミネラル、そしてその他の食べ物の成分が缶詰の金属と化学的な反応をしないようにブロックするために缶詰の内側にビスフェノールAを含むエポキシ樹脂が使われています。

様々な研究により、全世界の人口の95％でビスフェノールAが検出されているとも言われています。人よりも検出される量は低いですが、BPAによる汚染は犬と猫においても問題となります。

【プロピレングリコール（ＰＧ）】

プロピレングリコールは、私たちの生活の中に実に上手に溶け込んでいる化学物質ではないでしょうか。医薬品、歯磨き粉、化粧品、シャンプーなどの日用品での乳化剤や湿潤剤（成分が浸透しやくなる）など様々に使用されています。ＰＧは、これまで有害性が少ない安全な物質だと考えられてきました。しかしながら、皮膚細胞に浸透しやすいために皮膚や粘膜への毒性や溶血性貧血、皮膚アレルギー（ＰＧそのものに過敏性を示す）、腎肝機能疾患の原因物質となる可能性が指摘されています。

猫においては溶血性貧血（タマネギなどを食べた時に起きる貧血と同じ）を引き起こすので、数十年以上前から猫での使用は禁止されています。ＰＧは、車の不凍液としても使用されるため、注意が必要です。不凍液として使われているエチレングリコールもまた犬と猫では腎不全を引き起こします。なめる危険性があるので、犬の散歩中や外猫の場合には気を付けなければならないでしょう。

このＰＧは、必ず原材料の中に表示する義務があります。犬での使用には制限がありませんが、犬においても貧血やアレルギー、肝臓や腎臓への悪影響を指摘する獣医師も多くいます。特にアレルギーを持っていたり、肝臓や腎臓に障害がある個体では、気を付けるべきでしょう。

半生タイプのドッグフードや犬用オヤツには必ずと言っても良いほどに添加されています。また、ペット用のウエットティッシュにも犬用、そして場合によっては猫用にも使用されています。PG、プロピレングリコールという文字を見たら、棚に返すことをおすすめします。

ペットフードは加熱されます。加熱には主に2つの意味があります。ひとつは、大腸菌やサルモネラ菌などの微生物を殺す、殺菌の意味があります。もうひとつは、小麦や米などの穀類の消化を良くするという意味があります。しかしながら、ここ数年のペットフードではサルモネラなどの微生物の混入が問題となり、リコールが毎年のように起こっています。また、自然食を食べている犬と、フードを食べている犬における腸内細菌を調べると、フードを食べている場合のほうが大腸菌群が多いという研究結果も出ています。

原材料の色々

　ペットフードを選ぶ時、みなさんは何を基準にして選んでいますか？　獣医さんがすすめたからでしょうか？　グレインフリーだからでしょうか？　ペットフードの袋の裏には様々な情報があふれています。犬猫の健康を守るためにも、フードを自分自身できちんと選べる飼い主さんでありたいものですよね。

■フードをチェック

　ドライフードや缶詰についてはこの６章の前半をよく読んでください。近年、ドライフードなどは比較的良いフードも出てきました。以下のポイントをチェックしてみてください！

【原材料の一番目は何ですか？】

　玄米やトウモロコシなどの植物性のものが一番目には来ていないでしょうか？

【タンパク源の種類】

例えば、「ラム&ライス」とあっても原材料には魚や鶏肉が入っています。ライス以外にも大麦などの穀類、エンドウ豆やヒヨコ豆が並んでいます。色々な意見がありますが、近年の傾向として、タンパク質の種類を1~2種類に抑えた製品が出てきています。そういったフードは消化器に負担をかけません。アレルギーにもなりにくいです。

【油脂の内容を確認】

油脂の中には危険なものがあります。ペントバルビタールの問題がある「動物性脂肪や肉骨粉」。遺伝子組み換えの「キャノーラ油」。酸化しやすい「魚油」。

【内臓】

心臓、肝臓、腎臓、血液など筋肉以外に内臓は入っていますか？　副産物でまとめられているのではなくて、何が入っているかがわかる製品が良いです。

【酸化防止剤】

合成（BHAや没食子酸プロピルなど）と合成ではないもの（トコフェロール、クエン酸、ローズマリー抽出物など）があります。各々に欠点があります。合成は発ガン性や変異原性の問題があります。合成ではないものは脂肪の酸化が進みます。

【ローテーションする】

犬や猫たちの調子が良かったり、アレルギーの問題を抱えていると、別の新しいフードに切り替えるのをついつい躊躇してしまいます。季節ごとでも良いので、数か月おきに切り替えることをおすすめします。主原料がラム肉であれば、次は鹿肉にするなど切り替えましょう。腸内細菌のことも考えて、切り替える時は新しいフードを少しずつ入れて慣らしましょう。

■オヤツは大丈夫？

ドライフードや缶詰には気を遣っても、オヤツには無頓着なケースも見られます。実は、オヤツのほうが問題は多いのです。原材料の後半には添加物が並びます。

A社
肉類（鶏肉、鶏ささみ）、ソルビトール、グリセリン、小麦粉、コーンスターチ、加工でんぷん、リン酸塩（Na）、保存料（ソルビン酸K）、オリゴ糖、植物性油脂……

B社
鶏肉、コーンスターチ、チーズ、ソルビトール、グリセリン、pH調整剤、プロピレングリコール、リン酸塩（Na）、発色剤（亜硝酸Na）

加工食品の場合は、基本的に原材料は重量の重い順番に原材料が並んでいます。後半に添加物が並びます。A社とB社ともに鶏肉が一番目なので、一番多く含まれているということです。

では、鶏肉はみなさんご存じだと思いますので、これ以外の各々の原材料を見ていきましょう。

【ソルビトール】

オヤツでよく目にする原材料です。甘味料のひとつ。過剰に摂取すると、腸内細菌叢のバランスが崩れます。

【コーンスターチ】

「コーンスターチ」の文字を見たら、遺伝子組み替えトウモロコシだと思ってください。

【加工でんぷん】

増粘剤（つなぎ）です。原料には遺伝子組み替えのコーンスターチに化学物質を加えて作ります。11品目の加工でんぷんが食品添加物として使われています。そのうちの2品目で発ガン性が疑われています。ヒドロキシプロピルリン酸架橋でんぷんとヒドロキシプロピルでんぷんです。ＥＵでは乳幼児の食品への使用が禁止されています。原材料としては「加工でんぷん」としか記載されていないので、何が入っているかはわかりません。

この加工でんぷんは、私たちが食べている多くの加工食品にも使われています。ある試算によると、加工食品を日常的に食べている人はなんと1年間に３kg以上もの加工でんぷんを摂取しているのです。

【ソルビン酸カリウム】

保存料のひとつ。腸内細菌叢の中でも善玉菌に影響を与えます。染色体異常も報告されています。

【プロピレングリコール】

保湿や保存のために使われます。ＰＧと記載されることもあります。多くの犬のオヤツに使われています。猫には使用禁止の添加物です。ＰＧについてはこの６章の１７３ページを参照してください。

【リン酸塩】

結着剤です。原材料をつなぎ合わせるために使われます。また、Ｂ社に記載があるpH調整剤として使われることもあります。無機リンの吸収は90％と高いです。腎臓に負担をかけたり、骨がもろくなったりすることがあります。オヤツにはこのような無機リンが多く使われています。過剰摂取にならないように注意する必要があります。

【亜硝酸Na】

発色剤です。私たち人間の加工食品でも頻繁に目にします。例えばハムやソーセージなど。この発色剤を使わなければ、ハムなどの色は食欲をそそる色にはなりません。食べる気が失せます。「亜硝酸塩」は劇物に指定されている添加物です。亜硝酸Naは、急性毒性が強く、発ガン物質に変化する可能性があります。

保証分析値

保証分析値とは、フードに含まれるタンパク質、脂質、繊維、灰分、そして水分が何%含まれているのかを示しています。原材料の表示と同じようにこれらの数値を是非確認してください。

表2　保証分析値の比較

	ドライA社	ドライB社	缶詰C社
タンパク質	28% 以上	15%以上	13% 以上
脂質	14% 以上	6.5% 以上	5 % 以上
繊維	5% 以下	17.5% 以下	
灰分	8% 以下	6% 以下	
水分	10%以下	10%以下	78% 以下

■分析してみる

よく見てみると、最初の2つの項目と後ろ3つの項目の表示が違うことに気づきます。

A社のタンパク質と脂質の「以上」は、最低28%と14%が含まれていること、そして繊維、灰分、水分の「以下」は、最高5%、8%、10%が含まれていることを保証しています。そのため、実際に測定してみると、タンパク質が33%、繊維が2%という場合もあり得るということです。製造番号によって、この保証分析値での実際の値やその他のビタミン、ミネラルなどの微量栄養素が変化します。

タンパク質は、筋肉やコラーゲン、被毛や爪、免疫細胞、酵素など生体内で重要な成分を作るために必須です。猫ではタンパク質を使って糖質を作りエネルギーにします。犬も猫もタンパク質はとても大切です。犬は最低でも25%以上、猫は30%以上のタンパク質の製品を選びましょう。特にドッグフードでの体重管理用ではB社のように20%以下の製品をよく見ます。いまだに体重を減らすためには、タンパク質と脂質を減らす必要があると思われている方も多いようですが、タンパク質を極端に減らすと、体脂肪が減らずに筋肉が減ってしまいます。また、タンパク質が少ないフードで繊維が多いB社のようなフードを摂取し続けると、食糞が見られることもあります。食糞の理由は様々ありますが、猫の糞だけを狙って食べるようになります。そういった場合は栄養素が足りていないのかもしれません。体重を減らす時でも十分なタンパク質が必要です。

脂質の一番の仕事は、エネルギー源になることです。タンパク質と糖質の2倍のエネルギーを供給してくれます。犬猫のひとつひとつの細胞の膜には、リン脂質という形で存在しています。免疫力を高めたり、大切なホルモンを作るコレステロールの供給源にもなります。脂質とタンパク質の割合は、1対2が良いです。A社はちょうどタンパク質の半分が脂質になっています。脂質は過剰になると膵炎の原因になるので、あまり高すぎるのも良くありません。

灰分はいわゆるミネラルのことです。過剰になるとストルバイト結石などの原因になります。過去に結石を経験したことのある犬猫では灰分の値には注意しましょう。

■乾燥重量が大事

例に示したドライA社、B社、そして缶詰C社ですが、缶詰はタンパク質も脂質もドライと比較すると少ないことがわかります。栄養的に問題がありそうに思えます。ポイントは水分の違いです。C社だけが極端に水分が多いですが、水分が異なる製品同士を比較することはできません。水分を除いた重量に計算をし直す必要があるのです。それを乾燥重量と言います。

では実際にどのようにして計算をするのでしょうか。

$$乾燥重量 = \frac{タンパク質（\%）}{100 - 水分（\%）} \times 100$$

各々を計算すると、

タンパク質は、28/90×100＝31%　15/90×100＝16.6%　13/22×100＝59%

脂質は、　14/90×100＝15.5%　6.5/90×100＝7.2%　5/22×100＝22.7%

乾燥重量で比較すると、タンパク質が一番多いのはC社、そして脂質もA社よりもC社が多いことがわかりますよね。

■糖質は？

これまでの数値中でみなさんがよく知る項目がないことに気付きましたか？

三大栄養素のひとつの糖質がありません。糖質がどれくらい必要なのかは実は犬も猫もわかっていません。特に猫では本来必要ないので規定を示す必要がないのです。簡単に計算をする方法はあります。タンパク質から水分までの合計を100から引くと大体の値は算出されます。A社の数値を合計すると、65%です。100%から65%を引くと35%という数値が出ます。B社は45%、C社は4%（乾燥重量18%）。

これがおよその糖質の値です。

B社に関してもう少し見てみると、糖質と食物繊維を一緒にしたものが、「炭水化物」

ですが、糖質が45％、繊維が17・５％なので、炭水化物は62・５％という高い値になります。実はＢ社のフードは体重を落とす目的で作られた製品です。糖質抜きダイエットが流行っています。これは脂質よりも糖質のほうが体脂肪になりやすいから、糖質を抜くのです。食事内容の半分近くを糖質が占めていながらダイエットと銘打っています！

新しい製法

確かに市販のペットフードは便利です。否定は致しません。しかしながら、高温・高圧で処理される過程で発生するＡＧＥｓやアクリルアミドは、ガンの発症とも関係がありま す。さらに、高温・高圧では大切な栄養素の一部が破壊され、結局中国産などの安価な合成のビタミンとミネラルを最終的には加える必要性が出てきます。

こうして様々な方向からペットフードを観察すると、たくさんの問題を抱えていることが理解できたかと思います。

では、犬と猫の飼い主さんたちは手作り食しか選択肢がないのでしょうか。しかしながら、近年の動きとして、犬や猫の本来の食事に近づけようと「穀類フリー」のフード、さらには、栄養素の破壊を考慮した「フリーズドライ」や「エアドライ」製法、低温処理のフードなどが出てきています。

■フリーズドライとエアドライ

フリーズドライとエアドライは、どちらの製法も原材料を調理し乾燥させます。大きな違いは、乾燥の方法です。水分を「昇華（固体から直接気体）」させるのか、あるいは「蒸発（液体から気体）」させるのかの違いです。

フリーズドライは、「真空凍結乾燥技術」と呼ばれています。瞬間凍結した素材を減圧室で真空状態にして、水分を飛ばす方法です。元々氷だった部分に空洞ができるので、エアドライに比べると、見た目のかさは変わりません。

エアドライは素材に熱風をあてて、表面から水分を蒸発させます。水分が蒸発したことにより、表面が収縮して体積が縮みます。エアドライのほうが、フリーズドライよりも同じ分量でも小さくなります。

ともに、食材の水分が極めて少ない状態にできるので、長期間保存が可能です。さらに、加熱をしないのでメイラード反応は基本的に起きません。自然食に近いのですが、価格がどうしても高くなります。小型犬や猫の場合は比較的与えやすいと思います。大型犬は無理のない範囲でエアドライなどと加熱フードをローテーションすると良いでしょう。

この10年でペットフードは大きく変わりました。食材の幅も広がり、たくさんのフードが出回っています。グレインフリー、グルテンフリー、エアドライなど日々進化しています。テレビでよく宣伝を見るからとか、獣医師がすすめるからという理由で選ぶのではなく、きちんと原材料の持つ意味を見極めてから、選べる飼い主さんになってください。

第7章

正しくサプリメントを選ぶ

飼い主さんたちの意識の向上から、健康維持や病気の予防を考えたり、疾患の補助のために、様々なサプリメント（補助食品）を与えている方が多くなってきました。サプリメントを与えることは良いことですが、選び方を間違えると、逆に害を与えることになります。

選び方

ペットフードを選ぶ時と同じように、きちんと中身を見極める力がここでも大切になるのです。

サプリメントには、粉、カプセル、そして錠剤などいくつかのタイプがあります。各々を見てみましょう。

【粉】

ドライハーブや消化酵素などは、基本的に有効となる成分しか含まない粉になります。余分な成分を含まないので、最も安全に与えることが可能です。欠点としては、梅雨の時期のような湿度の高い時に粉が固まってしまう場合があります。品質には問題はありませんが、乾燥剤などで管理をすることをおすすめします。

【カプセル】

魚油やビタミンEなどはカプセルに入っています。特に酸化しやすい魚油などの油脂に関しては、ボトルに入ったものよりも、カプセルのほうが酸化を予防する意味からも良いでしょう。注意してほしいのは、カプセルが何でできているのか。動物性よりも植物性のほうが良いでしょう。

【錠剤】

最も一般的なのが錠剤だと思います。長期間の保存が可能になるため大変便利です。しかし、錠剤は有効な成分以外に様々な添加物を使用しますので、中身をきちんと吟味する目を持たないと、逆に害になるだけです。

■サプリメントに使われる様々な添加物

【増量剤】

フィラーとも呼ばれ、錠剤やカプセルの内容量を増やすために使われます。

コーンスターチ、ラクトース。

【結着剤】

結着剤は、錠剤の中の成分同士をつなげるために、さらに錠剤の強度を増すために使われます。

リン酸塩、リン酸塩（Na）、リン酸塩（K）などの表示があります。リンを含むので、過剰摂取に注意。

【保存料】

原材料の保存性を高める目的で添加。

安息香酸Na（毒性が強い）、ソルビン酸カリウム（染色体の異常あり）。

【乳化剤】

油分を水に溶けやすくする目的で添加。

レシチン。大豆や卵にアレルギーがある場合は注意が必要です。

【着色料】

着色は飼い主さんの目を引くだけで、本来犬猫が色で食材を選ぶことはありません。二酸化チタン（白く着色：ホワイトチョコレートの白色）、そしてタール系色素の食用赤色2号や食用青色1号などは発ガン性が疑われています。

【香料】

独特の香りをつける目的で添加。香料は、１００品目以上あります。これらをいくつか組み合わせて独自の香りを作ります。

【甘味料】

食べやすいように甘味をつける目的で添加。砂糖の代わりに使われます。

合成ではソルビトール、スクラロースなどがあります。

天然ではアラビノース、キシロースなどがあります。

色々なサプリメント

ペット用のサプリメントも様々な種類が出ています。選び方でも説明をしているように、できるだけ錠剤タイプではなくて、パウダーや液体のものが良いでしょう。

■最新のサプリメント

【フィトプランクトン】

フィトプランクトン（植物プランクトン）は、単細胞の生物で、大型水中動物の餌となります。地球上で最も価値のある栄養源のひとつです。犬や猫たちが必要とする栄養素をすべて含みます。

フィトプランクトンは微小分子なので、消化の過程を経ることなく、直接腸粘膜から吸収されます。そのため、ＬＧＳなどの消化器に何らかの問題を抱える犬や猫にとっては栄養素を簡単に得ることができます。

フィトプランクトンは、オメガ3脂肪酸のＥＰＡやＤＨＡが豊富です。魚介類に含まれるＥＰＡやＤＨＡは、これらのフィトプランクトンを摂取することで体内に蓄積されます。食物連鎖の底辺にいる生物なので、魚油などとは異なり、重金属や有害物質の汚染を受けにくいです。

また、現代の犬や猫たちに不足しているミネラルが豊富で、吸収も良いです。さらに、フィトプランクトンはＳＯＤ（スーパーオキシドジスムターゼ）を含みます。ＳＯＤは体内で最も強力な抗酸化酵素です。細胞を酸化から守ってくれます。ウミガメなどの長寿の動物では、大量のＳＯＤを含むことがわかっています。

皮膚の健康、関節の健康、細胞機能の改善（内臓の健康保持）、炎症を減らす、消化のサポート、解毒など様々な方向から体の働きを助けてくれます。

フィトプランクトンは少量でも十分に結果が出ます。大きさに関係なく小さじ16分の1杯です。サプリメントとしてではなく、食材の一部としても使えます。

※熱帯魚の餌として販売されているものとは異なります

【スピルリナ】

日本の場合は、「クロレラ」と聞けば想像がつくかと思います。スピルリナもクロレラと同じ藻類の仲間です。スピルリナは藍藻類で、クロレラは緑藻類です。

スピルリナは、様々な栄養素を豊富に含みます。強力な抗酸化酵素のＳＯＤ、ビタミンＢ群、ミネラル（カルシウム、リン、鉄、マグネシウム、ナトリウム、カリウム、ホウ素、モリブデン、マンガン、亜鉛、銅）、アミノ酸、抗酸化作用を持つ葉緑素、カロチンなどを含みます。青い色の色素の元になるフィコシアニンは、スピルリナにしか含まれません。

フィコシアニンは、ガン細胞が形成されるのを防ぐほか、抗炎症作用や肝臓保護作用などがあります。

【CBDオイル】
大麻草（カンナビス）には、カンナビノイドと呼ばれる生理活性物質が含まれています。カンナビノイドには様々な種類があり、マリファナの主成分であるTHC（テトラ・ヒドロ・カンナビノール）が最も有名なのではないでしょうか。CBD（カンナビジオール）もカンナビノイドのひとつですが、マリファナのような精神作用はありません。2013年から日本でも健康食品としてCBDオイルが入ってきました。

このCBDオイルはてんかん発作を改善することで有名になりました。私自身も音響恐怖症、原因不明のてんかん、あるいは脳腫瘍による発作などに対して明らかな変化があると感じています。犬や猫でのこれらの発作は、様々な原因で生じます。肝臓や腎臓疾患、あるいはガンを抱えていたり、音響への異常な反応であったり、ノミ・マダニ予防薬による副反応であったり、殺虫剤・農薬中毒、ワクチン接種、そして頭部の損傷などによっても発作は起きます。その原因を明らかにしてから使用すると良いでしょう。

CBDオイルは、てんかん発作だけでなく、攻撃性がある個体や分離不安の個体、腫瘍やガンを抱えている個体、関節炎などの炎症を抱えている個体、肝臓や腎臓に問題のある個体、など様々に応用ができます。

動物の体内にはECS（エンド・カンナビノイド・システム：内因性カンナビノイドシ

ステム）という身体調節機能が本来備わっています。このＥＣＳは、感じたり、動いたり、反応したり、食欲をコントロールしたりするなどの基本的な体内機能のバランスを保つのに欠かせません。犬猫の健康を確立して維持するためにとても大切な働きを担っています。最近の研究では、強いストレスや老化によって、ＥＣＳの働きが弱まることで様々な疾患になることがわかっています。ＣＢＤオイルはこの弱ったＥＣＳを刺激することができます。

※ＣＢＤの製品を選ぶ時には、その質をきちんと見極めてください。質が悪いと、精神作用を起こすかもしれません。また、危険な除草剤の成分であるグリホサートが検出される製品もあります

【初乳（コロストラム）】

初乳は、分娩直後の数日間に分泌されるお乳のことです。特に牛の初乳は子牛に必要なタンパク質、ミネラル、ビタミン、免疫抗体などを含みます。特にＰＲＰと呼ばれる成分を含み、免疫系を調整します。アレルギー、免疫不全、関節の問題、ＬＧＳなど様々なケースに効果があります。１か月ほど毎日使ってみて、変化を見てみましょう。

※必ず空腹時に与えます。スープやヨーグルトをちょっとだけ混ぜたりして与えます

【珪藻土】

珪藻土は、藻類の一種である珪藻の殻の化石で、湖や海の底に堆積した珪藻が地層にな

ったものです。日本では昔から珪藻土は塗り壁として使われてきて、室内の湿度を調節する働きがあります。珪藻土のバスマットはご存じかもしれません。二酸化ケイ素からなっていて、アメリカでは食用の珪藻土があり、主に動物の駆虫剤として用いられてきました。食用珪藻土は安全に使えば非常に便利です。

まず昔から使われてきた寄生虫の駆除剤。外用と内用の両方で効果があります。外用として使えば、ノミ、ダニ、シラミなどを駆除します。ペットが使っているベッド、さらにカーペットに珪藻土をまいて、1日ほど置いてから掃除機で吸います。ノミが寄生したなら、空気中に飛ばないように静かに被毛に付けて、ブラッシングします。内用であれば、回虫や鞭虫などの腸内寄生虫には最低1週間は続けてください。

解毒作用もあります。重金属の水銀、細菌の大腸菌、ウイルスなどを排泄します。グリホサートの解毒にも効果があると言われています。

最後にサプリメントとして。ケイ素は当然豊富に含まれています。ケイ素は強い関節や骨を形成するのに重要なミネラルです。さらに、マグネシウム、カルシウム、ナトリウム、カリウム、亜鉛やセレンも供給してくれます。

安全ではありますが、非常に粒子が細かく軽いので、取り扱う時にはマスクを使うことをおすすめします。また、犬猫がなんらかの呼吸器系疾患を抱えている場合は、獣医さんに相談の上で使用してください。
※必ず食用の珪藻土を与えてください。ペット用も日本で販売されています

■便利なサプリメント

【消化酵素】

消化酵素はもともと動物たちの膵臓から分泌されるものです。脂質、タンパク質、糖質をバラバラにしてくれるのが消化酵素です。パイナップルに含まれる消化酵素の一種の「タンパク質分解酵素」であるブロメリンには炎症を抑えることがわかっていて、特に関節炎には効果があります。消化酵素は、食糞（自分の糞を食べる場合）の子にも効果があります。食間に与えると、消化管内をきれいにしたり、猫の毛玉を除去したりします。

※消化酵素に塩酸が加えられた商品では空腹時には与えないように

【ＥＰＡ／ＤＨＡ】

犬猫の栄養素で説明をしているように、アマニ油やエゴマ油に含まれる不活性型のオメガ3脂肪酸を犬猫は上手に使うことができません。活性型であるＥＰＡとＤＨＡを直接取り入れることが大切です。活性型は、認知症の予防や改善、腎疾患の改善、抗炎症作用、ガンの転移や増殖の抑制など様々な働きがわかっています。青魚を食事に取り入れたり、

サプリメントとして与えたりすると良いでしょう。

魚油そのものを与える場合には、個別にカプセルに入っている製品を購入しましょう。クリルオイル、サーモンオイル（養殖ではない）、フィトプランクトン、スピルリナなどからＥＰＡやＤＨＡは補給することが可能です。

犬と猫が必要とする脂肪酸には、オメガ３とオメガ６があります。ＥＰＡとＤＨＡなどのオメガ３脂肪酸は炎症を抑える働きがあります。逆に過剰なオメガ６脂肪酸は炎症を促進します。この両方の脂肪酸の摂取比率が、赤血球や脳の神経細胞の細胞膜におけるこの２つの脂肪酸の比率を決めています。

近年の日本人の食事はオメガ６脂肪酸が多くなってきています。そのため、日本人の赤血球を調べると、オメガ３と６の比率が平均で１対６であることがわかっています。一般に細胞膜のオメガ３脂肪酸が増えると、細胞膜の流動性が増して細胞の機能が良くなります。オメガ６脂肪酸が増えると、細胞膜の流動性が低下して炎症を起こしやすくなります。


【コロイダルシルバー】

コロイダルシルバーは細菌感染によく用いられるサプリメントです。特に猫の口内炎の治療や耳の感染症の治療などに使います。スタフィロコッカス（黄色ブドウ球菌）、サルモネラ菌、あるいはカンジダ菌などに速効性の効果があることがわかっています。

※様々な濃度の製品があります。濃度の低い製品（10〜20ｐｐｍ）のほうが良いでしょう

これらのサプリメントのいくつかは、現在では日本でも販売されています。また、ネットでも個人輸入ができるので、試してみると良いでしょう。

合成ビタミンの弊害

有害な物質も含めて、自然界に存在する物質は非常に複雑です。実験室で化学的に合成された物とは異なります。

■ビタミンC

私たち人間はビタミンCを体内で作ることができません。第4章「犬と猫の栄養学」で犬と猫は自分自身でビタミンCを合成できることを解説しています。ビタミンCは、抗酸化作用、解毒作用（特に重金属の解毒）、コラーゲンの形成、細菌を殺す抗生物質の作用

など、体にとって大切な働きをしています。

サプリメントでビタミンCを与える時には注意点がいくつかあります。

・サプリメントで与えるようになると、体内での合成をしなくなります。

・投与量が増せば増すほど腸から吸収される量は減ります。60㎎以下であれば、腸からすべて吸収されますが、1000㎎では75％が吸収され、12000㎎（12g）になると16％しか吸収されません。

・血糖値が高い時にはビタミンCの細胞への運搬は少なくなります。

・ビタミンCとアスコルビン酸は一緒ではありません。次ページの図3を参照してください。

ビタミンCのサプリメントで、ビタミンC（アスコルビン酸）と記載されるのをよく見ると思います。すべてのビタミンに言えることですが、ビタミンは常に複合体として作用します。アスコルビン酸はビタミンCの一部でしかありません。

ビタミンCは、アスコルビン酸、ビタミンP、K因子、J因子、そして銅とチロシナーゼから構成されているのです。

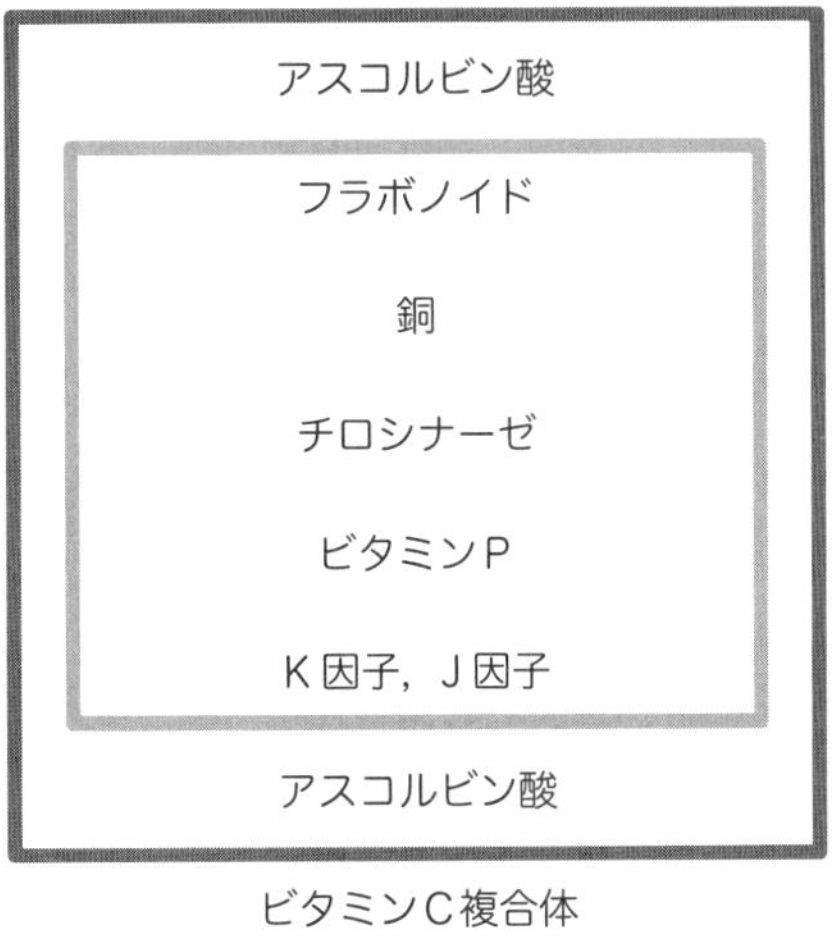

図３　ビタミンCの構成

アスコルビン酸は、抗酸化作用があり、ビタミンC複合体を囲んで酸化から守っています。ビタミンPは血管壁を強化したり、関節や腱を守ったりします。K因子は血液凝固をサポートします。J因子は血中での酸素運搬を助けます。銅とチロシナーゼは心筋を動かす時に重要です。

高容量のアスコルビン酸の摂取は様々な副作用があります。ビタミンCはメラトニンの合成を助けるので、睡眠障害になります。副腎にはビタミンCが不可欠なので、副腎ホルモンの分泌が減少します。体内での銅が減るので、赤血球が合成されなくなり、貧血になります。白血球が働かないので、免疫力が低下します。

もしビタミンCのサプリメントを犬猫に与えているのであれば、一旦やめてみると思いもよらない変化があるかもしれません。

ビタミンCはサプリメントを用いるのではなく、ハーブのローズヒップ、ゴーヤやブロッコリーなどの野菜を利用しましょう。

■合成ビタミンの行く末

人の手によって化学的に作られたビタミンは、天然ビタミンの一部だけを真似して作られています。これらの合成ビタミンが腸から吸収されると、何が起きるのか！

合成ビタミンは腸から門脈という静脈を通って肝臓へと送られます。肝臓において、一部の合成ビタミンは部分的に天然ビタミンに似たものに作り変えられます。例えば、天然ビタミンCには銅が結合しています。合成を天然に似せるために肝臓に蓄えられている銅をもらって、なんちゃってビタミンCを作ります。そうすると、前述しているように体内の銅が少なくなります。同様にビタミンEはセレンが結合しています。合成ビタミンEは肝臓からセレンを奪います。セレンは体内で作られる強力な抗酸化酵素の合成にとって重要です。

なんちゃってビタミンCの一部は、体内で利用されるでしょう。しかし、ビタミンCは水溶性なので、ほとんどが体内で利用されずに腎臓から尿として排泄されてしまいます。天然ビタミンCは、腎臓から排泄されることはありません。全身の血液を巡りながらちゃんと利用されます。

体調に合わせて、様々なサプリメントを使うことは健康を維持する上でも大事です。ハーブなどの天然成分を含むものを上手に使いましょう。

第8章

遺伝子組み換えを理解する

遺伝子組み換え作物とは、特定の除草剤では枯れない、作物を食べた害虫が死ぬなど特定の機能を持つ遺伝子を組み込んだ作物のことです。アメリカで１９９６年に世界で初めて組み換え作物の商業栽培が始まりました。現在では世界の組み換え作物の栽培面積は１９９６年の１００倍にもなっています。

日本では今のところ遺伝子組み換え作物を商業目的で作ってはいません。消費者が組み換え作物の健康への弊害を危惧しているため、政府が商業栽培することに対してゴーサインを出していません。しかし、試験的には作られています。

ですが輸入はされています。日本で食品として安全性が確認され使用が認められている遺伝子組み換え作物は、８種類３１８品種あります（２０１８年3月現在）。

除草剤耐性が主ですが、アクリルアミド（第4章参照）産生が低く抑えられたジャガイモも作られています。大豆などを購入する時には、原材料の表示に「遺伝子組み換えでない」という文字を確認してから購入するでしょう。しかしながら、知らない間に私たちの食生活の中に入り込んでいるのです。気づいていない方がほとんどです。

異性化糖とトウモロコシ

実は、私たちの体は下手をすると遺伝子組み換えトウモロコシで作られていると言っても過言ではないくらいに、トウモロコシを食べています。でも、夏になると丸かじりをするような甘いスイートコーンが遺伝子組み換えということではありません。

デントコーンと呼ばれる家畜用の飼料は、アメリカでは過剰に作られているために、余っているのが現状です。この余ったデントコーンを、日本も輸入していて、牛や豚などの家畜の餌になることは第3章で説明しました。輸入されたトウモロコシの約65%が飼料用で、20%がコーンスターチです。それ以外のデントコーンは、「異性化糖」と呼ばれる液状糖などに変化します。トウモロコシのでんぷんに含まれるブドウ糖を果糖（果物に含まれる）に異性化させた糖のことを異性化糖と呼びます。

みなさんが普段から飲んでいる炭酸飲料の原材料で「ブドウ糖果糖液糖」や「果糖ブドウ糖液糖」という名前を見たことはないでしょうか。これらが「異性化糖」です。ブドウ糖と果糖の割合によって名前が変化します。果糖が50%未満だと「ブドウ糖果糖液糖」、

50〜90％で「果糖ブドウ糖液糖」、そして90％以上で「高果糖液糖」になります。異性化糖と原材料に書かれている場合もあります。

小さなお子さんが口にしているアイスクリームや健康に良いと思って飲ませている野菜ジュース、ファストフード店で注文する炭酸飲料、スポーツドリンク、色々な調味料、そして私たちが普段から何気なくコンビニで買っている様々なお弁当。トウモロコシを食べなくても、姿を変えて私たちの体内に毎日のように侵入してきています。このことは、犬と猫にも起きていることです。特に指でつぶすとちょっと軟らかい「半生タイプ」のペットフードやオヤツにも使われています。

第4章で説明をした「ＡＧＥｓ」を覚えているでしょうか。老化タンパク質とも呼ばれますが、異性化糖はこのＡＧＥｓを発生しやすくさせます。異性化糖は急激に血糖値を上げてしまうため、糖化のリスクが高くなります。

異性化糖の問題は、「糖化」だけではありません。次に説明をする「グリホサート」や「Ｂｔ菌」の問題もあります。

遺伝子組み換えトウモロコシは、異性化糖以外にも、トウモロコシ油、コーンスターチ、水あめなど、様々な用途に使われています。もちろんペットフードにも。

キャノーラ油は菜種油ではない

日本に輸入されている菜種の90％以上が遺伝子組み換え作物です。「キャノーラ油」は、家庭で使われる調理用油として一般的になっています。また、ペットフードにおいてもキャノーラ油の文字はよく見ます。「キャノーラ油」は遺伝子組み換えされた菜種のことです。原料も製法も全く異なる油です。

スーパーマーケットで大きなプラスチックの容器に入ったキャノーラ油をよく見ますよね。１ℓで２００円程なので非常に安価です。このキャノーラ油はカナダで作られる遺伝子組み換え作物です。油を搾り取る時に「ヘキサン」という溶剤を用います。ヘキサンは農薬と同じくらい毒性があります。ヘキサンは残らないので安全だとは言われていますが、このキャノーラにもグリホサートに耐性の遺伝子が組み込まれています。

昔の日本における菜種の自給率は１００％でしたが、現在はなんと０・０４％です。本物の菜種油は、非常に高価なのです。

異性化糖やキャノーラ油などは、遺伝子組み換え作物であるトウモロコシや菜種を使っているのにもかかわらず、原材料の表示にはその文字を見ませんよね。加工品を作る過程で組み換えされた遺伝子や関係するタンパク質が分解されて残っていなければ確認できないため、表示する義務がないからです。綿実油《めんじつゆ》、大豆油、トウモロコシ油などの食用油や醤油、清涼飲料水の甘味に使う異性化糖（コーンシロップ）も表示の義務がありません。

以下の4つが主に輸入されている遺伝子組み換え作物で、表示義務のない用途を示しています。

【トウモロコシ】

異性化糖、トウモロコシ油、コーンフレーク、水あめは遺伝子組み換えの表示義務はありません。

【菜種】

キャノーラ油は表示義務はありません。

【綿花】

綿実油、サラダ油などの食用油として使われています。

【大豆】

トウモロコシと同様に、輸入されている大豆の90％以上が遺伝子組み換えです。用途は、食用油（大豆油、サラダ油）、醤油、動物の飼料、タンパク加水分解物（最近のフードでもよく見ますよね）、乳化剤（レシチン）。

以下の４つもありますが、ほとんど流通していません。

・テンサイ：テンサイは、砂糖として使われますが、近年の輸入はありません。
・ジャガイモ：食用として使われますが、近年の輸入はありません。
・アルファルファ：飼料として使われますが、近年の輸入はありません。
・パパイヤ：生パパイヤ。近年の輸入はありません。

ジャガイモなどは近年の輸入がないので、関係ないように思われますが、米国産のペットフードに使われているジャガイモは遺伝子組み換え作物である可能性は高いでしょう。「グレインフリー」で説明しているように、小麦グルテンの代替としてジャガイモが使われています。

納豆を買う時、原材料に「大豆（遺伝子組み換えではない）」の文字を確認すると思いますが、みなさんが気づかないだけで、いったいどれほどの量の遺伝子組み換え作物を体の中に入れているのか。ペットフードでは、遺伝子組み換えを使っていたとしても表示する義務さえもありません。一方で「大豆（日本産）」などと生産国をあえて表示しているフード会社もあります。

また、アメリカとカナダでは、人間が消費する食べ物においても表示の義務はありません。そのため有機栽培の作物の表示を強化することで差別化を図っています。アメリカやカナダ産のペットフードでは、ジャガイモ、トウモロコシ、大豆、アルファルファが原材料として使われていても、遺伝子組み換えなのかどうかは消費者にはわかりません。

グリホサート

トウモロコシや大豆の畑には雑草が生えます。特にアメリカのように広大な土地で作られると、雑草の問題は大きくなります。そこで遺伝子を操作することで、ある特定の除草剤（例えばグリホサート）に対して耐性を持った作物（トウモロコシ、大豆、菜種）を作っています。グリホサート（商品名：ラウンドアップ）は、モンサント（現在はバイエル社）によって作られた除草剤です。すなわち、除草剤を何十回散布しても、作物が枯れることはありません。雑草だけが枯れるのです。好きなだけ使うことができるのです。

では、このグリホサートはなぜ悪いのでしょうか。

・グリホサートは、シキミ酸経路として知られている特定の酵素の働きを抑制します。このシキミ酸経路は植物や微生物が成長するのに必要なアミノ酸の合成にとって大切です。この経路が遮断されると、植物は成長できなくなり、枯れてしまいます。このシキミ酸経路は動物には存在しないので、安全だと言われていますが、私たち人間、そして犬と猫の腸内に生息する微生物は影響を受けます。特に善玉菌を殺してしまうことがわかっています。さらに、植物が元気でいるためには土壌菌が必要です。そうです。グリホサートは大切な土壌菌も殺してしまうのです。

・グリホサートは亜鉛、カルシウム、銅などのミネラルをキレート化することがわかっています。つまり、土壌中のミネラルを植物が吸収できなくなり、作物の栄養成分に影響を与えるということです。遺伝子組み換えのトウモロコシや大豆が使われている市販のドッグフードやキャットフードを食べている犬や猫たちは、ミネラルが不足している可能性があります。不足するミネラルを補うために添加される合成ミネラルも体内で効率よく利用されません。

・肝臓の解毒経路にも影響を与えます。

・WHOにおいては、2015年に人に対しておそらく発ガン性がある成分として分類されています。世界中でグリホサートに関係する訴訟は14000件にも及びます。2019年にアメリカの学会に参加した時、このグリホサートの体内への蓄積に関する話がありました。尿中に含まれるグリホサートの量を測定したところ、

人：0・5ppb
犬：15・8ppb
猫：8・0ppb
馬：14・6ppb
※ppbはppmの1000分の1　検出された量は微量

という結果が示されました。

犬と人を比較すると、30倍以上も犬のほうが高いことがわかります。猫では16倍です。

グリホサートによる影響は、環境内と食べ物を通しての２つの経路が考えられます。実は、環境からよりも食べ物のほうの影響が大きいことがわかっています。ではどんな食べ物に注意すべきなのでしょうか。

・オーツ麦、小麦、大麦、ライ麦、およびヒヨコ豆やエンドウ豆などの豆類：最も高いのは、収穫前にグリホサートを使って枯らして乾燥させる作物です。アメリカやカナダなどの広大な土地で作られる穀類や豆類は、プレハーベストといって、収穫前に除草剤を散布します。畑に実っている小麦やエンドウ豆などをすべて枯らすことで、２週間ほど収穫時期を早めて効率がよくなるのです。遺伝子組み換え作物でなくても、グリホサートの影響を受けているのです。近年では日本においてもスーパーなどで売られているうどんや食パンでグリホサートが検出されています。
・トウモロコシと大豆：中程度の汚染は、グリホサートを除草剤として使う遺伝子組み換え作物です。

実は現在流行っている「グレインフリー」のほうが、グリホサートの蓄積は問題となります。特に原産国がアメリカの場合は、注意が必要でしょう。

恐ろしいことに、2000年に特許が切れたため、「グリホサート」を自由に使うことができるようになりました。しかしながら、デンマークやスウェーデンではラウンドアップの散布禁止、オーストラリアではグリホサートの全面使用禁止、ベトナムなどのアジア5か国はグリホサートの輸入禁止、アフリカや南アメリカの諸国も禁止に動き始めています。使用禁止や輸入禁止の動きがあり、グリホサートは大量に余ってきています。どこへ行くのか？　そうです。日本です。

量販店に足を運ぶと、除草剤のコーナーの一番目立つ場所にこの危険な成分を含む除草剤が並んでいます。もしかしたらあなたの隣の家の庭にもこのグリホサートがまかれているかもしれません。そして、最も恐ろしいのは、公園などで定期的にまかれている除草剤としてグリホサートを使うようになれば、日本の犬や猫への影響は大きくなります。当然、公園で遊ぶ子どもたちも。

Ｂｔコーン

遺伝子組み換えトウモロコシには、Ｂｔ菌が組み込まれているものがあります。日本に輸入されている遺伝子組み換えトウモロコシの約30％がこのＢｔコーンです。ほとんどが牛や豚などの家畜の餌として輸入されていますが、前述したように、異性化糖、トウモロコシ油などに姿を変えて、私たちの口にも入っています。

Ｂｔ菌とは、バチルス・チューリンゲンシス（Ｂｔ）という土壌細菌で昆虫病原菌の一種です。このＢｔ菌の遺伝子を導入して害虫抵抗性を持たせた遺伝子組み換えトウモロコシのことをＢｔコーンと呼びます。特定の昆虫がこのＢｔコーンを食べるとその昆虫の腸は破壊され、餓死します。昆虫が葉っぱを食べると死んでしまうため、殺虫剤をまかなくても良いのです。私たち人間、そして犬猫には影響がないと言われてきましたが、このＢｔコーンの花粉をチョウの幼虫に食べさせると多数が死亡してしまったという研究結果が示されています。果たして本当に安全なのかは疑問が残ります。

トウモロコシや大豆などの遺伝子組み換え作物の多くは、家畜の餌として輸入されています。私たちは、この作物を食べた乳牛の乳を飲んだり、豚肉、牛肉などを食べています。自然食を犬猫に与える場合も同じです。これらの間接的な影響がどう健康に害を及ぼすかはわかりません。ペットフードを選ぶ場合も、トウモロコシ、大豆、小麦、エンドウ豆などの作物、キャノーラ油やコーン油などの植物性油脂の有無を意識するだけで今まで見えてこなかった部分が見えてきます。

第9章

処方される薬を理解する

獣医医療の発達によって、様々な疾患が予防可能になってきています。犬と猫のことを思えば思うほど、色々なことをしてあげようと思うでしょう。環境や住んでいる場所などによって、必要となる予防策は異なってきます。個々に、すなわちホリスティックに考えることが大切になります。

自然治癒力

「自然治癒力」という言葉は誰もがどこかで聞いたことがあるのではないでしょうか。傷、骨折、出血などが起きても、自然に回復するための力のことです。この自然治癒力は犬や猫たちが生きていくために必要な力です。

この「力」は、様々な要因によって異なります。

遺伝、食事、環境、そして医薬品などです。

自然治癒力には、骨折した骨同士をつないだり、傷口を塞いだりする「自己再生機能」と体内に侵入してくる病原体を攻撃する「自己防衛機能」があります。特に自己防衛機能には発熱や炎症が含まれますが、薬の中にはこれらの自己防衛機能を邪魔する作用があるものもあります。

誰であっても余計な成分、特に有害なものは、体の中に入れたくはありません。

■発熱とは？

ウイルスをはじめとする病原体が侵入すると、体内では異物を排除しようと免疫細胞の活動が活性化します。免疫細胞の活性化に必要なことは、熱を発生させ、体温を上げることです。実は体内には体を快適な環境に保つための温度計が存在します。

風邪を引くと、熱が出ますよね。平熱が36度だとします。この体温ではウイルスと闘うことはできません。そのため体温を38度に設定してくださいという指令が免疫細胞から出されます。風邪の引き始めにブルブルと悪寒がするのは、指令の体温38度と現在の体温36度の間に温度差が生まれるために寒く感じるのです。高熱はウイルスが起こしているのではありません。体を守るためにみなさんの体から熱は起きているのです。そのためむやみやたらに解熱剤を投与して、熱を下げるのは逆効果になるのです。

■炎症とは？

「抗炎症剤」という薬剤が存在します。単純に言うと、炎症を抑える薬のことです。では、みなさんに考えてほしいのですが、

炎症は体に悪いのでしょうか？

炎症はなぜ起きるのでしょうか？

炎症は抑える必要があるのでしょうか？

そもそも炎症は、自己防衛機能のひとつです。自然治癒力にとっては大切な体の反応です。決して体にとって悪いわけではありません。

炎症は、発赤、発熱、腫れ、疼痛を主な症状とします。例えば、犬や猫たちがケガをした時に体の中では何が起きているのでしょうか。

足の裏にケガをするとします。ウイルスや細菌と闘うための免疫細胞が必要です。ケガをした場所に急いで免疫細胞を集めるために血管が拡張し、血流が増加するので赤くなり、熱感を持ち、腫れます。また、同時にケガをした足を地面に着こうとすると、痛くて痛くて足を着くことなんてできません。痛みも炎症反応です。痛みの物質を放出させて、ケガをしている足を使わせないようにして守っているのです。

そうです。炎症を無理やり止めてしまうことは、治癒の力を奪うことになるのです。

この炎症は、長期間持続する慢性炎症と短期間で収束する急性炎症に分けられます。急性炎症はウイルスなどが死滅してしまえば、反応は終わります。しかしながら、慢性炎症は心臓疾患やガンの原因として問題視されています。この慢性炎症を引き起こす理由として過剰なリノール酸の摂取やインシュリンの過剰分泌があげられています。猫は「インシュリン抵抗性」をもともと持っています。そのため糖質の多いキャットフードを食べると、慢性炎症を引き起こす可能性があります。

毎年のワクチンは必要か？

ワクチンについての見解は、おそらく個々の獣医師によって異なるのではないでしょうか。その個々の獣医師としての見解ですが、私は現在の接種方法は異常だと思っています。

１９９０年代に猫において「ワクチン接種による繊維肉腫」が問題となりました。アメリカでは1991年の1年間で22000頭もの猫たちが、この繊維肉腫の犠牲になりました。この悪性の繊維肉腫の原因は、狂犬病ワクチン（アメリカは州によっては猫でも狂犬病ワクチンは接種義務）と白血病ワクチンでした。ワクチンによって肉腫が形成されたこの大きな出来事は、アメリカの獣医師の意識を変えました。

■コアワクチンとノンコアワクチン

世界小動物獣医師会（WSAVA）という団体の中で、ワクチネーションガイドプログラムが2007年に作成され、世界的に適用できる犬と猫のワクチン接種のためのガイドラインを定めました。日本の獣医師もこのガイドラインに沿って接種をすすめ始めています。しかしながら、毎年の追加接種、そして9種や11種などの中身が多い混合ワクチン接種が根強く残っているため、獣医師内でも考え方がバラバラです。結果的に飼い主さんたちも混乱しているのが現状です。

このガイドラインの中では、犬と猫に必ず接種すべき「コアワクチン」を3種類ずつ規定しています。

犬のコアワクチン

・犬ジステンパーウイルス
・犬アデノウイルス
・犬パルボウイルス２型

猫のコアワクチン

・猫汎白血球減少症ウイルス
・猫カリシウイルス
・猫ヘルペスウイルス１型

「ノンコアワクチン」は、必ずしも接種が必要なワクチンではありません。季節ごとの感染状況に合わせたり、個々の状態によって接種を行います。例えば、成猫になれば必要のない猫の白血病ウイルスワクチンや地域ごとによって発生状況の異なるレプトスピラ細菌ワクチンは、ノンコアワクチンになります。

犬の混合ワクチンの中には、「コロナウイルス」を含むワクチンがあります。コロナウイルスワクチンはノンコアにも含まれない、非推奨ワクチン（その使用を正当化するための科学的エビデンスが不十分）です。接種する意味のないワクチンです。

※新型コロナウイルスとは異なります

■子犬・子猫のワクチン

生まれたばかりの子犬や子猫は、特別な抗体を持っています。お母さんからもらった抗体です。これを移行抗体と呼びます。もしお母さん猫がパルボウイルスへの抗体を十分に持っていれば、生まれてくる子猫たちもパルボへの抗体をたくさん持っていることになります。その逆に抗体が低ければ、子猫たちも低いということです。そして、この移行抗体は週齢が進むにつれて、徐々に減少していきます。

通常、子犬と子猫へのワクチン接種は、生後8～10週齢頃から2～3回接種が通常だと思います。数回の接種の意味は、数回接種したほうが抗体がより強力になるからだと説明を受けるでしょう。実は、移行抗体が十分に残っているとワクチンを接種しても免疫はつきません。前述したように、移行抗体は個体によってバラバラです。そのために数回接種するのです。1回目の接種で免疫ができる個体もいれば、3回目でできる個体もいます。3回接種しておけば、どこかで免疫が作られるという考え方から現在の接種は行われているのです。

移行抗体は、生後8～12週齢でなくなります。このため、子犬と子猫の時期の最後のワクチンは16週齢以降にします。もし余計なワクチンを接種したくない場合は、この16週齢以降に1回だけ接種すると良いでしょう。

追加接種は、この最後の接種から半年または1年後に接種します。その後は、3年ごとの接種が推奨される方法です。

■毎年接種の意味はあるのか？

WSAVAのワクチネーションガイドプログラムでは、3年ごとの接種を推奨しているにもかかわらず、日本ではいまだに1年に1回の混合ワクチンの接種を迷いもなく行っている飼い主さんがほとんどなのではないでしょうか。「なぜ毎年も接種が必要なのか？」おそらく落ちた免疫力を上げるためだと思っているのではないでしょうか。しかしながら、十分に免疫があれば、言い換えれば抗体があれば、ワクチンは何の意味もありません。お母さんからもらった移行抗体と同様に、前の年に接種したワクチンへの抗体が十分にあれば、ワクチンを接種してもなんの反応も起きません。すなわち、無駄なワクチンを接種しているということになります。

すでに説明をしたコアワクチンとノンコアワクチン。コアワクチンは基本的に3年に1回以上の接種は必要ないことを宣言しています。ノンコアワクチンのレプトスピラに関して、免疫の持続は長くて半年、短いと2か月しか続きません。特に超大型犬は注意が必要でしょう。

２００7年の日本小動物獣医師会の調査において、ワクチンを接種した犬の約２００頭に1頭の割合で何らかの副作用が見られたことを報告しています。また、アナフィラキシー性の急性アレルギーで3万頭に1頭が亡くなっています。

以前のワクチンに添付されていた使用説明書には、「1年ごとに接種」という記載がありました。２００8年以降は記載がなくなりました。それでも獣医師によっては、毎年接種を行っています。

■抗体価の測定

20年前、抗体価は、感染しているかどうかの診断をする目的で測定されることが一般的でした。そのため、「何で健康なのに抗体価の測定をするのか」、「ワクチンを接種したほうが安上がりだ」などと言う獣医さんが圧倒的に多かったので、当時、筆者の本を読んだ飼い主さんたちは相当な苦労をされていました。

ワクチンは１００％効果があるわけではありません。遺伝的な背景によって、ワクチンを接種しても抗体ができない場合があります。このように抗体ができない個体のことをノンレスポンダーと呼びます。犬ジステンパーウイルスに対して５０００頭に１頭、犬パルボウイルスに対して１０００頭に１頭、そしてアデノウイルスに対してが10万頭に１頭の割合で、ノンレスポンダーが出ます。こういった個体は各々のウイルスに対して無防備になります。ノンレスポンダーを探すだけでなく、きちんと免疫ができているのかの判断をする上でも、子犬と子猫の時期の最後のワクチンが終わってから４週間後にコアワクチンの抗体価を測定すると良いでしょう。

■ワクチンの汚染

哺乳類のゲノムの約10％が内在性レトロウイルスです。

ちょっと難しいのですが、レトロウイルスには、外来性レトロウイルスと内在性レトロウイルスがあります。外来性は個体から個体へと感染していきます。ヒト免疫不全ウイルス、いわゆるエイズウイルスや猫の白血病ウイルスは、この外来性レトロウイルスです。当然感染力があります。一方で、内在性レトロウイルスとは遺伝子に組み込まれているウイルスのことです。細胞内の他の遺伝子と同様に親から子孫へと伝達されるのです。基本的に感染力はありません。

ＲＤ－１１４と呼ばれる猫の内在性レトロウイルスがあります。発見当初は、このＲＤ

－114は猫には何の悪さもせず、他の種に伝播すると悪性になると言われていました。ところが、日本で発売されていた猫と犬の弱毒生ワクチンの成分から、このRD－114が分離されたことが報告されました。さらに、このRD－114には、犬と猫の両方に感染性があることもわかりました。

第1章の「猫に泌尿器系疾患が多い理由」でも記載しているように、ウイルスは生きた細胞内でしか増えることができません。そのため犬や猫のワクチンに使われるウイルスを増やすために猫の細胞が多く使われます。この猫の細胞内の遺伝子にはRD－114が組み込まれています。そのため、ワクチン製剤中に知らないうちにRD－114が入り込んでいたのです。

ワクチンの製造過程で猫の細胞が使われ続ける限りは、この問題は解決しないどころか、すでに遅いかもしれません。RD－114ウイルスはガン遺伝子を持っていません。ワクチンによって侵入したこのRD－114ウイルスが増殖して、ガン、リンパ腫、自己免疫疾患などの何らかの病原性を発現するまでには、数年の年月がかかるでしょう。人では10年ほど、犬猫では5年ほどだと言っている研究者がいます。もしかしたら、犬や猫たちで見られているこれらの疾患の根底にはRD－114が関係しているかもしれません。

犬のパルボウイルスは、猫のパルボウイルス（汎白血球減少症）が変異したことで作られたウイルスだとわかっています。犬に接種されたワクチンが原因です。ワクチン接種は必要ですが、毎年のように繰り返されればされるほど、他の疾患や新しいウイルスを作りだす危険性があるのです。

ワクチン接種は動物病院だけの問題ではありません。犬たちのトリミング、ペット可のホテルに宿泊する時、ペットホテルに猫を預ける時、ドッグランを利用する時などには、混合ワクチンの証明書の提示を求められる場合がほとんどです。私たちが美容院に行く時やホテルに宿泊する時に、小さい頃に接種したワクチンの証明書を見せることがありますか？　犬猫に関わる様々な業界が意識を変えなければ、危険なワクチンを接種し続ける習慣は残り続けるでしょう。

予防という名の弊害

例えばフィラリア駆虫薬に関しては、すでに感染した幼虫を血液中に出る前に殺しているだけであり、予防をしているわけではありません。

昔の日本には「蚊帳」がありました。蚊に刺されないように予防をしていたのです。日本は世界で一番フィラリア駆虫薬を消費しています。

アメリカは日本ほどフィラリア駆虫薬を定期的には与えていません。地域によって、例えば近くに沼地や湖があり、南部地方など条件によって投与方法を変えています。

東京、特に23区ではすでにフィラリアに感染している犬を探すほうが困難なくらいだと思います。ということは、フィラリアの幼虫を持っている蚊もいないということです。闇雲に危険な駆虫薬を飲ませるのではなくて、疫学的な調査を行う時期に来ているのではないでしょうか。

■ノミ・マダニ予防薬

ノミの感染は、アレルギーだけでなく、瓜実条虫《うりざねじょうちゅう》の感染の原因にもなります。マダニの感染は、重度の貧血を起こすバベシア症、人間で問題になっている重症熱性血小板減少症（SFTS）などの問題も引き起こします。そのため、夏場では定期的にスポットオンタイプの予防薬を用いている飼い主さんは多いのでないでしょうか。これらの予防薬を製造する会社は人間や動物たちへの害はないと宣伝しています。そして、それをすすめる獣医師たちも無害だと主張するでしょう。しかしながら、害のない薬物は存在しないのです。
ここで代表的なスポットオンタイプの製品に含まれる成分について見てみましょう。「イミダクロプリド」、「ペルメトリン」、「ピリプロキシフェン」、「フィプロニル」、「メトプレン」の５つです。

【イミダクロプリド】

１９９４年に導入。ネオニコチノイド系殺虫剤のひとつ。ネオニコチノイド系殺虫剤は、ミツバチ大量死の主要な原因物質と言われています。有機リン酸系殺虫剤と比べると哺乳類への安全性は高いのですが、植物への浸透移行性があります。長期間にわたって植物に残留するため、米や野菜などへの残留が懸念されています。水溶性なので水に溶けて、魚の餌になる水生昆虫にも影響を与えます。
マウス、猫、犬、そしてラットを使った実験では、神経毒を引き起こすことがわかっています。運動不能、呼吸困難、甲状腺障害、先天性異常の増加などがあります。また渡り鳥がネオニコチノイド系農薬を含む作物を食べると、目的地への到着が数日遅れることが科学誌に掲載され、目的地への遅れにより繁殖に影響を与え、生息数を減らしてしまう恐れがあると警告されました。日本では島根県の宍道湖のワカサギやウナギの漁獲量の減少とネオニコチノイド系農薬との関係性が指摘されています。餌となる動物性プランクトンが、農薬によって減ってしまった結果です。

【ペルメトリン】

除虫菊に含まれるピレスロイドから作られた殺虫剤。内分泌障害と発ガン性が疑われています（実験動物では肺ガンと肝臓腫瘍が見つかっている）。特に猫と小型犬では注意が必要です。ペットショップなどで販売されている予防薬においてよく使用されています。

【ピリプロキシフェン】

昆虫成長制御剤です。リオオリンピックで問題になった「ジカ熱」を覚えているでしょうか？　妊婦さんが感染すると小頭症の子どもが生まれるために、妊婦さんに対する注意喚起がされていましたが、この時に散布されていた殺虫剤の成分のひとつが「ピリプロキシフェン」。一部報道には、この成分が小頭症の原因物質だとも言われています。安全だと言われてはいますが、動物実験では副作用が報告されています。

【フィプロニル】

１９９６年にアメリカに導入されました。アメリカのＥＰＡという機関の農薬部門のDr. Dobozyは、次のように述べています。「フィプロニルを用いた動物実験で見つかった効果の中には、甲状腺ガンがあり、甲状腺ホルモンも変化させる」。製造会社は製品の成分が動物たちの体内を移行することはないと宣言していますが、フィプロニルは犬たちの様々な臓器と脂肪組織において見つかり、さらに尿と糞便からの排泄も確認されています。

【メトプレン】

昆虫成長制御剤です。昆虫幼若ホルモン類似薬のひとつ。食べることで、皮膚や呼吸器から吸収。様々な食べ物に含まれている可能性があります。貯蔵中の穀物、トウモロコシ、ピーナッツ、シリアルなど。刺激性があります。

■安全性の問題

スポットオンタイプのノミ・マダニ予防薬がアメリカで初めて導入をされた時、いったいどんな事故が起きたのでしょうか。

発売元のバイエル社は、１年間に７００件近い事故のレポートを受け取っています。これらのレポートの中には、少なくとも70件の死亡例（犬17頭、猫46頭、不明７頭）がありました。中枢神経系障害が73件（てんかん発作を含む）、疲労感や倦怠感が90件、嘔吐、下痢、あるいはその他の胃腸系の反応が92件。

さらに、犬や猫たちだけでなく人間への影響が数千件寄せられました。

喘息の発作を持たない獣医師が猫への治療中に喘息の発作に襲われたり、治療後の動物に触って皮膚を火傷《やけど》したりしました。ショッキングな例では、健康だった12歳の男の子が、治療後の猫を触って、激しいてんかん発作に襲われました。

初めてスポットオンタイプの予防薬が導入されてから14年後の2008年。EPAには、獣医師、飼い主、そしてその他の動物関係の飼育者から軽度の皮膚の問題からてんかん発作、そして死亡に至るまで1年間に44000件を超える副反応の報告がありました。このうちの600頭が亡くなっています。投与された頭数から比較すれば、600という数字は微々たる値なのかもしれませんが、同じことが人で起きたらどうなるのでしょうか。

EPAによって作られた報告書をまとめると、

・最も反応を起こしやすいのは、5~10kgの犬。特に初めて投与された時に反応が出やすい。

・猫での重篤なケースは、犬に処方された後で猫が舐めてしまったことが原因。

・投与量の幅が広すぎること。

表3　とある予防薬の投与量

有効成分分量	11.3mg	28.3mg	68mg	136mg
体　　重	1.8～4.5kg	4.5～11kg	11～27kg	27～55kg

例えばある予防薬の投与量を見てみると、表３のとおりです。体重が増えるにつれて、どんどんこの幅が増すのです。体重が12kgの個体と24kgの個体に与えられる量が同じなのです!!　これは、犬の場合にはどの薬物（フィラリア駆虫薬など）でも言えることです。

飼い主さんたちは安全だと思って予防薬を与えていると思います。投与後の観察を忘れないように。

■新しい流れ

１９９０年代からスポットオンタイプのノミ・マダニ予防薬が主流になりました。２０１５年頃からはスポットオンタイプではなくて、経口薬が新しく発売されてきました。イソオキサゾリン系の「アフォキソラネル」製剤です。速効性があり、チュアブルなので与えやすいために便利です。しかしながら、血液中に１か月間有効な成分が循環し続けることになります。果たして安全か？

アフォキソラネルが発売以降、様々な製薬会社が同様のイソオキサゾリン系の経口薬を発売しました。３か月有効な「フルララネル」製剤、そして１か月有効な「サロラネル」製剤が発売されました。これらはいずれもチュアブルタイプで、与えるのも便利でした。

しかしながら、アメリカではてんかん発作が出たり、嘔吐や下痢などの消化器障害を引き起こしたりする個体が多く見られました。「サロラネル」製剤の注意書きには、神経系障害が出ることが記載されています。

近年ではスポットオンタイプのノミ・マダニ予防薬に使われる薬剤への耐性の問題も浮上してきています。

食事の中にニンニクを加えたり、草木の生い茂るような中を散歩する時には粉末のビール酵母やアロマオイルを体につけたり、地球の磁場を利用した製品を使ったりすると良いでしょう。自身の生活の仕方に応じた安全な方法でノミとマダニへの予防方法を考えましょう。

新しく世に出たワクチンも含めた医薬品にはすぐには手を出さないことです。10年以上前に、半年間有効だと謳った注射薬のフィラリア駆虫剤を狂犬病ワクチンと一緒に接種したことで、犬が亡くなった事例もあります。今、アメリカでは新たに1年間有効なフィラリア駆虫薬（注射薬）が承認され、ホリスティック獣医師たちの間では、その危険性が危惧されています。もちろん日本でもすでに認可されています。フィラリア薬は、駆虫薬です。約1か月前に感染した幼虫を殺すために、月に1回の投与を行っています。1年間有効の意味を考えてください。ずっと有効な薬剤が血液中を循環し続けるのです。かなり危険だと想像がつきます。

一度に済むからと便利な予防薬や駆虫薬が出回るようになってきました。確かに犬や猫たちへの負担は軽減するでしょう。しかしながら、その後に背負うことになる大きな障害への代償は大きなものになるでしょう。

アポクエルの問題性

アレルギーを抱えている犬や猫たちにとってかゆみを抑えてあげることは、犬や猫たちのストレスだけでなく、飼い主さんのストレスを軽減するためにも大切です。ステロイド剤が最も一般的ですが、副作用の問題があります。近年は、２０１６年に日本で動物用医薬品として承認を受けた「アポクエル」を使う機会が増えてきています。

アポクエルは、アトピー性皮膚炎に伴う症状およびアレルギー性皮膚炎によるかゆみを緩和するために作られた治療薬です。投与後4〜24時間以内に症状が緩和することから、アトピー性皮膚炎の犬たちに対して使用をすすめる獣医師さんが増えてきています。

アポクエルは、ヤヌスキナーゼを阻害することで、かゆみなどの症状を緩和します。ヤヌスキナーゼには、様々な働きがあります。腫瘍の形成を抑制したり、白血球や赤血球の形成を統制したり、抗体が適切に作られるように免疫をコントロールしたりしています。ヤヌスキナーゼは、犬たちが健康を保つためには欠かせません。そのため実は、アポクエルは長期間の投与によって、犬たちの免疫系を激しく乱すことになるのです。

アメリカにおいては、アポクエル投与後にガンになる個体が増えて、問題となっています。

免疫低下が引き金になってアカラスなどの寄生虫感染を起こしたり、あるいはゴールデン・レトリーバーのようにガンになりやすい素因を持っている犬種では、ガンになる可能性が出てくるかもしれません。

安全な薬物は存在しないことをしっかりと心に留めておくことが大切です。

犬も猫も家族の一員です。安全にノミ、マダニ、蚊などの病気を運ぶ虫たちから守ってあげることは大切です。たくさんの化学物質から成る製品が市場に出回っていますが、これらの中には危険で、副反応を引き起こすものもあります。何が必要で何が不必要なのか。獣医師にすべてを任せるのではなくて、自身で判断できるようになってください。そして、権威を振りかざすのではなく、意見をちゃんと聞いてくれる獣医師を探すことも大切です。

第10章

自然を感じる

今、みなさんが住んでいる場所は、目の前にどんな風景が広がっているのでしょうか？30階の高層マンションの窓からは遠くに富士山が見えるかもしれません。でも、窓を開けることはできるでしょうか。お日さまがちゃんと注いでいるでしょうか。一軒家であっても、隣家が近いためにいつも窓とカーテンを閉め切ってはいないでしょうか。

高層階でのペット飼育

都会では大きな庭付きの一戸建を望むよりも、高層マンションを選ぶほうが現実的でしょう。しかしながら、犬猫にとって地上から離れた生活空間は果たして快適なのでしょうか。

■高層マンションシンドローム

「高層マンションシンドローム」という言葉を聞いたことはあるでしょうか。高層マンションシンドロームとは、高層階に住むことで生じる様々な体調不良のことを指します。病気になりやすくなったり、流産・死産が増加したりすると言われています。１００メートル上昇するごとに気圧が10ヘクトパスカル下がります。地上から30階くらいが１００メートルになります。気圧が下がると免疫系や内分泌系の乱れが生じることも指摘されています。

子どもがいる家庭に対して高層階に住むことを制限している国もあります。イギリスでは4階以上、スウェーデンでは5階以上、そしてオランダでは8階以上に住むことを制限しています。

現在、都心部ではタワーマンションが乱立し、さらに付加価値をつけるためにペット可の物件も多いです。人間は、仕事に出かけたり、学校へ行ったり、外に出る時間ができます。しかし、家の中でじっと待っている犬や猫はどうなのでしょうか？　特に室内だけで生活をする猫への影響は計り知れません。

高層階の弊害はなにも高さだけではありません。

高層階に住むと、窓が開けられません。自動換気が一般的に行われていますが、窓を開放して入ってくる自然の風とは異なります。特にシニア期には、寝る時にちょっとだけ風を入れてあげると眠りやすくなります。また、室内は常にエアコンなどで温度を管理することになるので、体温の調節のバランスが崩れます。これはホルモンバランスの不調の引き金になります。夏の暑さを感じたり、冬の寒さを感じることは、毛の抜け替わりを刺激するためにも大切です。一年を通じて常に快適な環境内で過ごすことは非常に不自然なことです。

さらに、外から入ってくる菌も制限されてしまいます。色々な菌は免疫を刺激するためにとても大事です。密閉された空間では、ダニなども発生しやすくなるため、アレルギーの問題も出てくるでしょう。

■室内に潜む危険

室内で過ごす時間が増えれば、自ずと室内の環境の影響を受けることになります。たとえ自動換気がされていても、窓が開けられなければ室内の環境は悪くなります。特にグルーミングをする猫にとって室内に漂う有害物質には気をつける必要があります。

【ＰＢＤＥｓ（ポリ臭化ジフェニルエーテル）】

ＰＢＤＥｓについては、第６章169ページを読み返してください。猫に多い「甲状腺機能亢進症」の原因物質がＰＢＤＥｓです。実はＰＢＤＥｓは私たちの周りの様々なものに潜んでいます。PBDEsには難燃性があるので、壁材やカーテンなどに使われています。様々な電化製品にも使われています。プラスチック製品は燃えやすいため、ＰＢＤＥｓを混ぜて燃えにくくしているのです。特に古い家具や電化製品にはＰＢＤＥｓが使われている可能性が高くなります。摩擦などで空気中に浮遊することで猫の毛に付着し、グルーミング時や床などを舐めたりすることで摂取することになります。

【ホルムアルデヒド】

ホルムアルデヒドは「揮発性有機化合物」のひとつです。揮発性有機化合物は、キシレンやトルエンなど100種類以上あるものの総称で、気密性の上がった現代の住宅で問題になっています。ホルムアルデヒドは、建材、壁、あるいは家具などの接着剤として使われている化学物質です。また、合成の板には、その表面にホルムアルデヒドを混ぜた合板が使われています。目、鼻、喉などの粘膜を刺激したり、喘息、アレルギー、ガンとの関連性もあります。ＷＨＯはホルムアルデヒドを「１」（発ガン可能性が高い）に分類しています。新しく買った家具や新築の家などでは、ホルムアルデヒドが室内に長期間にわたって漂うことになります。化学物質過敏症などの原因もこれらの揮発性有機化合物です。

【電磁波】

電磁波は窓を開けてもなくなりません！　日中に犬猫を残して、蛍光灯をつけたままで出かけたり、テレビやパソコンなどの電化製品がたくさん置いてある部屋で普段から生活を送っていれば、見えない電波による影響を受けています。ＷＨＯは極低周波磁場を「２Ｂ」（発ガンが疑われる）に分類しています。極低周波は、一般家庭で使われている電化製品から出ている磁場です。Wi-fiや携帯電話の電波は、高周波（マイクロ波）です。様々な場所でWi-fiは飛んでいます。これらの高周波には熱作用があります。電子レンジも高周波で、熱作用を利用して食品を温めます。

電磁波のこと考えてますか？

ガスなどを使わずに「オール電化」にしているお家は多いのではないでしょうか。ガス台の代わりに電磁調理器などは火を使わず、特にシニア層には安全に使えるためオール電化は増加しています。しかしながら、電気に頼りすぎた生活環境に関しては２０１１年の地震で私たち日本人は大変な経験をしました。こういった経験があったにもかかわらず、私たちはどんどん電気に頼る生活に傾いています。電気自動車が最たる例でしょう。

■電磁波とは？

電場と磁場が相伴って、空間を波動として伝わるものを電磁波と呼びます。電気のある空間（場所）を電場（電界）と呼びます。電場は、スイッチが入っていなくてもコードがコンセントに差し込んであるだけで発生します。磁気のある空間（場所）を磁場（磁界）と呼びます。磁場は電化製品のスイッチが入っていると発生します。

例えば、テレビのコードをコンセントにさしたままであれば、テレビの周囲には電場が発生しています。スイッチを入れるとテレビに電流が流れて磁場が発生します。使わない電化製品はコンセントを抜いておくことが大事です。

周波数（振動数）によってその力は異なってきます。1秒当たりの電波の波の数によって周波数は決まります。50Hzであれば、1秒間に50回周期が繰り返される周波数ということです。300Hz以下の極低周波は、一般の家電製品から発生する電磁波で、刺激作用があります。高周波は、携帯電話や電子レンジから発生し、熱作用があります。

■電磁波の問題

電磁波はゆっくりと体に影響を及ぼすために、発ガンのリスクや白血病などの病気との因果関係はまだ立証されてはいません。今のところ「刺激作用」と「熱作用」が、人体に影響を与える電磁波の作用とされています。

例えば、1日に20分間以上のスマートフォンの利用を5年間続けると、脳の細胞に影響が出ます。これは何も電磁波が悪いわけではありません。電磁波によって熱作用が生じて、その熱による影響です。カリフォルニア州ではスマートフォンを耳に直接当てて電話することを禁じています。イヤホンを使って頭部付近から離して使う必要があります。犬や猫たちは携帯電話を使うことはありませんが、充電するためにコンセントにつないだ携帯電話を犬や猫のそばに置いていれば、影響を受けるでしょう。また、冬に電気カーペットを使っていれば大量に極低周波を浴び続けることになります。低周波は、ビリビリしたりチクチクしたりする刺激作用があります。

電磁波の問題は磁場だけではありません。

犬猫、そして私たち人間の体の約60%以上は水です。

水は体の中でも流れていて、波動があります。

ホメオパシーやバッチフラワーは波動療法とも呼ばれ、体の中を流れている水をとても大切な要素だと考えています。怒りや悲しみなどの感情はこの水の流れを乱し、そして病気の元を作るのです。電磁波も「波」を作ります。特に目に見えないWi-fiは部屋中に飛んでいます。ヨーロッパでは小学校などの校舎内でのWi-fiを禁止している国もあります。体の小さな子どもたちにとって見えない電波は恐怖です。

プラスチックの問題

私たちの生活環境を見渡すと、プラスチックに囲まれていることがわかります。2050年には世界で生息する海鳥の99％がプラスチックを摂取する可能性があると言われています。

■マイクロプラスチック

全世界で海洋プラスチックごみの問題が深刻化しています。プラスチックと聞くと、ペットボトルやストローなどが思い浮かぶでしょう。でも、衣類にもたくさんのプラスチック製の合成繊維が使われています。綿や絹などの天然繊維よりも、シワになりにくかったり、耐久性があったり、安価なので多くの衣類に使われています。便利な化学合成繊維ですが、これらを洗濯すると大量のマイクロプラスチックが発生することがわかったのです。マイクロプラスチックはプラスチックゴミなどが壊れてできる直径5㎜以下の微小なプラスチックのことです。

プラスチック製の合成繊維フリースを洗濯すると1点の衣類から最大で1900本以上ものプラスチック繊維が抜けることがわかっています。海洋を漂うプラスチック繊維の多くが、洗濯による下水に由来している可能性があると発表されました。

プラスチック製の布地の問題はペット、特に犬たちには大きな影響を与えます。洋服を犬たちに着せている飼い主さんは多いのではないでしょうか。また、衣類だけでなく、犬猫が寝るためのベッドや毛布などの素材を気にしたことはあるでしょうか？

■フタル酸エステル

フタル酸エステルは、フタル酸とアルコールがエステル結合した化合物のことです。可《か》塑《そ》剤として、プラスチックを柔らかくするために用いられています。また、プラスチック製品やビニールでできた物に入っています。化粧品をなめらかにするためにも使われています。

フタル酸エステルは構造によっていくつかの種類があります。最も有名なのが、フタル酸ジオクチル（フタル酸ビス）と呼ばれる物質で、DEHPと称されます。ポリ塩化ビニル（PVC）には1～40％のDEHPが含まれています。例えば、食品の包装材、衣類の包装材、ビニールのオモチャ、壁紙、ビニールの床（クッションフロアの床材）、シャワーカーテン、車の様々な部位などなど……化粧品では、香水、ヘアスプレー、デオドラントなどかおりのするものにはほとんど含まれています。合成の香料が、このフタル酸エステルです。

ビスフェノールA（BPA）と同様に内分泌系、特に生殖器系に障害を引き起こし、精子の異常と男性性器の先天性異常と関係しています。その他にアレルギーや喘息とも関係。プラスチックに強く付着していないので、簡単に食べ物や飲み水に移行する恐れが指摘されています。

日本においては、赤ちゃんや子どもが使うプラスチック製品、例えば哺乳瓶やおしゃぶりなどにはフタル酸エステルの使用を禁じています。アメリカやヨーロッパでも同じです。使用の規制は一部に限られるので、犬や猫たちへの影響は計り知れません。特に犬のほうが猫よりもその影響は大きいようです。フタル酸エステルが分解された成分の体内への蓄積は、人の1・1〜4・5倍です。

「プラスチックの食器」を使わないことが大切になります。近年は、これらのプラスチックの食器の添付資料にフタル酸、BPA、PVC不使用の文字を見る食器も出てきました。心配であれば、ガラスや陶器、ステンレスの食器を使うように心がけるだけで、その摂取量は減ります。

光を浴びる

ペットフード協会の調べによると、2014年現在、散歩などで外出をしない犬は全体の4割にもなるという結果が！　近年の人気の犬種を見てみると、トイプードル、チワワ、ミニチュア・ダックスフント、ポメラニアン、柴犬、ミニチュアシュナウザー……と小型犬の人気が目立ちます。おそらく飼い主さんは、小型犬なら毎日の散歩は必要ないという理由からこのような高い数値が出たのかもしれません。室内飼育されている犬も全体の9

割というのですから、大切にされているのがわかります。

では、猫を散歩に出すのは別にして、便利なペットシートで排泄をさせれば、毎日のお散歩は必要ないのでしょうか？

前述した高層マンションであれば、エレベーターを使って外に犬を連れだすのが面倒でしょうか？

色々と考えられます。


私がアパートを決める時、一番大切にしている条件があります。

それは、「窓」の数と「光」の有無です。

今の東京での住居は大小合わせると10の窓があり、窓を開けると気持ちの良い風が通り抜けます。そして、朝から夕方まで光がしっかりと部屋の中に注がれます。犬と猫もこの風と光が大切です。

室内で飼育されているのであれば、なおさら大切になります。第2章でも説明していますが、光はホルモン分泌の調節に欠かせない要因のひとつです。メラトニンなどの夜の間に分泌されるホルモンの放出を止めるためには、目からの光の情報が必要です。そして、昼の間に分泌されるホルモンは、逆に光が刺激になって放出されるのです。みなさんが住んでいる部屋には光が十分に注がれていますか？

健康は何も食事だけによって決まるわけではありません。食事はその入り口でしかないのです。どんなに素晴らしい食事を与えたとしても、真っ暗な換気の悪い部屋で一日中過ごすことになれば病気にもなります。

グラウンディング（地球を感じる）

高層階の弊害は、地球から離れてしまうことも含まれます。

最近、みなさんは裸足になって土の上を歩いたことがありますか？

犬たちが散歩している道はアスファルトだけでしょうか？

猫たちが遊べる庭はありますか？

私たちの足元には、この地球上で最もパワーのあるエネルギーが流れています。そうです。地面です！　そして地面とつながることを「グラウンディング」と呼びます。

犬、猫、人間、あらゆる生き物にとって、食べたり、空気を吸ったり、太陽の光を浴びたりすることと同じくらいに地面に触れることは大切なのです。この地面に触れることなく生活を続けることは、水を飲まないのと同じ、場合によってはそれ以上に危険なことなのです。

人間は、電気を通さない非伝導性のゴム製の靴を履き、アスファルトを歩きます。犬たちは、地面から離れた高層マンションに住み、犬用のカートに乗せて光を遮り、地面を避けてお散歩させてもらっています。地面に触れる経験をせずに一生を終える猫たちがいます。

私自身、この本の原稿を書きながら、パソコンから電磁波を浴びながら仕事をしています。東京では7階の部屋に住んでいます。しかしながら、できるだけ外に出かけるように心がけています。福岡に戻れば犬たちと山に登ったり、海に行ったりして、体にたまった悪い電気を流しています。

実は、この原稿を書き始めたばかりの頃に、突然の激しい頭痛に襲われました。ハンマーでずっと殴られているような感覚が一晩中続きましたが、なんとか治りました。おそらくパソコンに向かいすぎていたのでしょう。1週間ほどパソコンに触れることをやめました。地球は、アースとなって私たち、犬猫たちの体の電気的なバランスを保ってくれています。いつもより少しだけ早起きをして、10分でも公園で裸足になって犬猫と一緒に地面のエネルギーを感じるだけで、きっと1日の活力が違ってきます。

最近は、家にいながら帯電している電気を取り除く機器があります。高層マンションに住んでいて、どうしても地面に触れることができない環境にいる猫には、ペット用の機器を使うと良いでしょう。

ここ数年の傾向として、犬の飼育頭数よりも猫のほうが増えてきています。「猫は散歩もいらないし、犬よりも楽だよ！」とアドバイスを受けたことがある人もいるかもしれません。

しかし、散歩をしないのであれば、室内でどうするのか？　その先を考えなければなりません。「散歩がいらないイコール運動が必要ない」ではありません。猫たちを外に出せないのであれば、光、土や地球のエネルギーをどうやって補ってあげるのか。問題は山積みです。

この本の中で、何度も伝えてきたことは、食事が大切だということです。しかしながら、食だけではありません。室内の環境、自然の光や土、混合ワクチンやノミ・マダニ予防薬、ストレスなど。ひとつだけに執着するのではなく、バランスが大切なのです。

第11章
シッポの願い

犬や猫たちを家族として迎えることを決めた時、様々なことを考える必要があります。10年、あるいは20年先の自身の生活を考えて、動物たちを迎え入れる必要があるのです。結婚して犬を飼ったけど、離婚してどちらが犬や猫を引き取るのかでもめたり、引っ越す時にもペット可のアパートを探す必要が出てきます。また、自分が亡くなったら、誰が残った犬や猫の生活を守るのか……「ペットショップでたまたま目が合ったから飼った！」だけで、みなさんは10年以上にもわたってその命に向き合えますか。さらには、自身の健康にも責任を持てますか。

シッポの願い

この20年間に10冊ほどの本を出版しました。アメリカで開かれるホリスティック獣医師のための学会にも毎年参加したり、書籍を読んだりしながら得られた膨大な知識。

また、自分自身の犬たちも含めて犬や猫たちに実際に自然食を与えながら得られた様々な体験。

　この20年という歳月の中で得られた「自然食」の良さと真のホリスティックな生活についていて、まとめた本を書きたいと常に思っていました。しかし、この膨大な情報をまとめて1冊の本として仕上げるのには、かなりの労力と時間が必要です。

「いつかは書きたい！」と思っていた私の背中を押してくれた方がいました。

　ラッキーという名のクリクリの目をした愛犬を残したまま、彼女はこの世を去りました。彼女は病床の窓から見える大きな空を見上げて、きっといつもラッキーのことを思っていたことでしょう。そしていつか私の元で犬た

ちの健康について再び学びたいという思いを語っていました。現在は、その役割を残された家族の方が引き継ぎ、ラッキーと一緒に学んでいます。

彼女が病に倒れて、何度も入退院を繰り返した時に一番心配したのは、ラッキーのことです。子犬の頃から自然食なので、家族が忙しい時に世話をしてくれる方が必要でした。幸運なことに、自然食にも精通している方が協力してくれました。こんな時には、遠慮なく世話を頼める友人がいると助かります。

わが家もどうしても仕事で家をあける必要がある時には、犬たちのことをよく理解してくれる友人に託します。そして、もしも、もしも私の家族に何かあった時にも最期まで犬たちの世話をしてくれるようにもなっています。

特にひとり暮らしで犬や猫を飼っている場合には、何かの時に頼める友人は大切です。

私が個人的に作っている「ポレポレクラブ」という小さなクラブがあります。このクラブのメンバー同士も誰かに何かあった時には助けあっています。特にみんなが自然食に精通していて、余計なワクチンなどを接種しないなどの理解があります。こういった小さな輪は時間をかけて、波動のように広がり続けます。

ラッキーと大切な家族を残してこの世を去ることが、彼女にとってどれほど心残りだったか。彼女の大切な想いもこの本の中に詰めました。愛犬と愛猫の健康も大切ですが、一番は自身の健康です。この本の内容は、決して動物たちのためだけのものではありません。冷凍食品やコンビニのお弁当ばかりを食べるのではなく、きちんと台所に立ってご飯を作ること。

パソコンの画面から目を離して、窓の外の景色に目をやること。

アスファルトの上ではなく、裸足になって子どもたちと一緒に海辺を走ること。

風邪を引いた時は、すぐに市販の解熱剤に手を伸ばすのではなくて、心の声に耳を傾けること。

健康とは何かを考えてみてください。

シッポたちはいつも思っています。

僕たちのそばでいつも笑顔でいてね。

私たちはあなたがいるだけで幸せだよ。

たまには自然の中に連れだしてね。

シッポたちのみなさんへの願いにどうぞ耳を傾けてください。

シッポの心

「病は気から」ということわざがあります。まさに心のバランスが崩れると、免疫力に影響を与えて病気になります。ホリスティック獣医学では、犬猫の病気の70％以上が心の問題と関わっていると考えて治療を行います。この心の問題の根本には往々にして飼い主さんの心が関わっています。

人間側の気持ちがどれほど絶大な影響を動物たちに与えているのか。この20年の間に嫌というほど学んできました。動物たちとの関係性が強まれば強まるほど彼らの心への影響は果てしなく強まります。

飼い主さんの病気をもらったまま亡くなった犬猫。

心のバランスがシンクロするケース。

脳腫瘍の飼い主さんの手術中、食欲がなくなった馬。

「大嫌い！」の一言で、1週間以上食べ物を体が拒絶し続けた犬。

ムギとコトは、2頭とも16歳半で亡くなりました。一般的な大型犬よりも長生きをしてくれました。しかし、「食事」だけが長生きの秘訣ではありません。実は、ムギは11歳の時に「悪性リンパ腫」と診断されました。ラブラドールやゴールデンでは問題になりやすいガンです。ムギがガンという診断を受けてから亡くなるまで、1か月に1回は必ず犬たちを連れて出かけました。友人の家に遊びに行ったり、犬も一緒に宿泊できる九州内の宿に泊まったりしました。最初に診断を聞いた時、確かに自然食をしてきたのになぜとショックを受けました。しかし、気持ちを切り替えて、楽しく！　を心がけ、食事を考え、そして一番はムギが好きなことをできるだけやってあげようと思うようになりました。山を歩いたり、川で遊んだり、土を踏んだり、風を感じたり……自然を意識したのも良かったのではと思っています。

今思い返してみると、ムギがガンになるちょうど4年前に私の母もガンの宣告を受け、家庭内は常に緊張感が漂っていました。おそらくこの緊張した空気は、ムギにも伝わり、免疫系や神経系に影響を与えた可能性もあります。家族の中でのいざこざは何らかの形で犬猫にも影響を与えることがあります。特に飼い主さんの病気は、犬猫が同じ病気になり、場合によっては病気をもらったまま亡くなるケースさえあります。

フレンドがガンになった時もなぜ5歳という若さでと、最初は戸惑うばかりでしたが、犬たちは自分がガンであることなど知りません。私たち人間が動揺すればするほど、その負のエネルギーを受けてしまいます。最終的には、2頭ともガンの発症から5年後に亡くなりました。フレンドの死因はガンによる多臓器不全、ムギは老衰です。

次に話すのは、今一緒に生活をしているノームが1歳半を過ぎた時の出来事です。ある夜のことなのですが、私がリビングでゆっくりしていたところ、トイレから戻ってきたノームが「わーい！」と騒ぎながら、飛びついてきました。メガネが勢いで飛んでしまい、思わず大声を出して、怒鳴ってしまいました。その後は、一切名前も呼ばず、目も合わさず……その夜は一緒に寝たのですが明け方になって部屋の隅でノームは戻してしまいました。原因はもちろん私にあります。

嘔吐以外には特に問題はなかったので、大丈夫だと安心していました。ところが、翌週から何を食べても顔をかゆがって、ひどい場合には顔がボコボコに腫れることもありました。食物アレルギーかなとも思い、食材の種類を変えたりしましたが、食べ物を吐き戻して、排泄物も緩くて安定しませんでした。この状態が2週間以上も続きましたが、結局は自然に治りました。まだ心が成長段階であったノームにとっては、私のたった一言「お前

はもう友だちじゃない！」がグサリと刺さったのでしょう。大人げなかったとはいえ、冗談ではなく、心の芯から叫んだ言葉だったのでしょう。

動物たちは言葉の持つ意味ではなく、言葉を発した人間の心に反応します。「大嫌い！」と言ったとしても、心の中では「好きだよ！」と思っていれば、動物たちは心の言葉に反応します。私が発した言葉も心の中も「怒り」という負のエネルギーに満ちていたので、ノームの心と体には耐えられなかったのでしょう。ゴメンね。ノーム。

おそらくステロイド剤を投与していれば、一時的に症状は治まったかもしれません。こういった時の判断は迷うところかもしれません。

ジルの願い

２０２０年６月23日。この書籍を書き終えるまさにその数日前にジルは、旅立ちました。潔すぎるくらいに、かっこよく。飼い主さんの気持ちが「逝っても良いよ！」という心の準備の段階に入って、しばらくしてから。

２０１８年11月末、ジルは膀胱ガンで余命わずかの宣告を受けました。膀胱の半分以上を腫瘍が占めていて、何も手の施しようがない状態でした。「何でも良いからやってください！」よりも、ジルが一番望むことを飼い主さんは選択しました。「美味しいものを腹一杯！」「苦しむ化学療法よりも楽しい毎日！」

一日一日がとても大切で、価値のある日々をジルは飼い主さんと過ごすことができました。毎日の生活の中で、飼い主さんはどんどん気持ちが強くなって、このままでも大丈夫！　後悔はない！　自信もついてきました。

何もしなくても大丈夫なのかという不安な気持ちは、当然ジルにも伝わります。きっと最初の頃は涙を流した時もあったことでしょう。自然食にハーブや初乳などを組み合わせながら、最期までその生を全うしました。生き抜きました！

ジルが亡くなった後に飼い主さんは、次のような感想を述べてくれました。

「本当に何もかもが不思議なことばかりでしたが、すべてが必然なことだったなあと思います。ジルと交わした約束、そして互いの願いと祈りを全部守って、叶えてくれました。犬と人間、本当に信じ合えば、こんなにも心が通じ合えるのだということを証明してくれました。どんなに辛い病気になっても、心からありがとうが言えて、こんな幸せな別れができたこと。

病気になんてさせたくはなかったけれど、これもジルと私の運命。もちろん大変なこともいっぱいありましたが、それ以上に幸せな時間と感謝する心をジルからたくさんもらいました。これもジルと私には必要な時間だったと今は思います。」

化学療法を受けていたら、もう少し長生きをしていたのかもしれません。

でも、ジルも飼い主さんも双方がハッピーに最期のその一瞬まで笑顔で過ごせたのは確かでしょう。

やはりここでも心が関わっています。

大丈夫だよ、安心しての心からのメッセージ。これほど大きな治療薬はありません。

犬や猫たちは飼い主さんを選べません。どんな形の出会いであっても、必ず忘れてはならないルールがあります。彼らを最期まで守ってあげることです。

シッポたちの「願い」は、各々において異なるのかもしれません。

しかし、唯一共通なのは、「あなたがいてくれること」ただそれだけ。

おわりに　～最後はバランス～

健康にとって大事なことは何だろう？　と考えた時、
大切なのはバランスだと思います。
「食事」は全体のバランスを保つための一部でしかありません。
どんなに素晴らしい手作り食を与えていたとしても、
空気の悪い真っ暗な室内で一日中生活を送っていたら、
いつも家庭の中で家族同士がいがみ合っていたら、
毎年11種類もの混合ワクチンを接種していたら、
土の上を歩くことを知らなかったら、
文句を言いながら犬猫に食事を作っていたら……。
10kgで1000円のペットフードを与えていたとしても、
心から美味しいよ！　って魔法の言葉をかけるだけで、

太陽と土を大切にするだけで、
混合ワクチンの回数を減らすだけで、
家族が笑顔でいるだけで、
犬猫の体に変化が現れます。

10歳で亡くなったフレンドと一緒に飼っていたセントバーナードのノンノンは、13歳近くで亡くなるまで、ほとんど病気とは無縁でした。ノンノンが食べていたフードは、10kgで1000円。狂犬病以外にワクチンは接種していませんでした。寝る時以外は一日中屋外でした。太陽の光と地球のエネルギーをもらっていました。ストレスとは無縁。九州でセントバーナードを屋外で飼育し、13歳近くまで生きたのは、まさにバランスが良い環境にいたからです。暑いからとガンガンに冷房の効いた室内だけで育てていたら、シニア期には夏を越せなかったでしょう。ムギとコトも同じです。自分たちで、一番涼しい場所を探し、地面に穴を掘ったり、デッキの下に寝転んだりと。このことを考えると、緑や土の少ない都会ではバランスを取ることが大変だということです。これは人にも言えること。

この本の表紙に使われた写真の犬はノームです。彼女は離乳食から現在に至るまでずっと自然食です。彼女が見つめる先には緑の木々があり、自然に囲まれた空間は彼女にとっては欠かせない日常の一部です。この空間があるからこそ、彼女の美しさは保たれているのです。

本来の肉食動物たちのあるべき姿を想像してみてください。現代の犬や猫たちはとても不自然な生活をしていることがわかるでしょう。

最後に、私に学ぶ機会を与えてくれたすべてのシッポたちに対して心からの感謝を込めて「ありがとう！」を言いたいと思います。特に私に勇気と自信を与えてくれたムギとコト。彼らには本来の生きものの強さを教えてもらいました。

そして、鈴代さん。あなたの笑顔がなければ、この本はこの世に生まれてこなかったでしょう。いつかまたどこかで会える日を夢見て、この本の扉を閉じたいと思います。

日本中のシッポたちが笑顔になれますように!!

主要参考文献

Linda P. Case MS, Leighann Daristotle DVM PhD, Michael G.Hayek PhD, Melody Foess Raasch DVM: *Cat and Feline Nutrition*, Mosby
Rick Woodford: *Feed Your Best Friend Better: Easy, Nutritious Meals and Treats for Dogs*, Andrews McMeel Publishing
Henry Pasternak: *Healing pets with Nature's Miracle Cures*, Highlands Veterinary Hospital Inc.
Silver R. J., Leaky Gut Syndrome, 2003 Proceeding of AHVMA 2003, pp.85-97
Wendell O. Belfield, Martin Zucker: *How to Have a Healthier Dog: The Benefits of Vitamins and Minerals for Your Dog's Life*, Doubleday
クリントン・オーバー、エハン・デラヴィ、愛知ソニア『不調を癒す《地球大地の未解明》パワー アーシング すべての人が知っておくべき重大な医学的真実！』（ヒカルランド）
アランナ・コリン『あなたの体は9割が細菌 微生物の生態系が崩れはじめた』（河出書房新社）
ロバート・H・ラスティグ『果糖中毒 19億人が太り過ぎの世界はどのように生まれたのか？』（ダイヤモンド社）
ラッセル・J・ライター、ジョー・ロビンソン『奇跡のホルモン メラトニン』（講談社）
渡辺雄二『早引き・カンタン・採点できる食品添加物毒性判定事典』（メタモル出版）
本村伸子『フレンドの遺言状 それでもあなたはワクチンを打ちますか？』（文芸社）
本村伸子『もう迷わない！ ペットの健康ごはん』（コロ出版）

著者プロフィール

本村 伸子（もとむら のぶこ）

山口県生まれ。

1989年、酪農学園大学獣医学科卒業、獣医師免許取得。

1996年、日本女子大学心理学科卒業。

2000年、日本獣医畜産大学大学院博士課程満期退学。

動物系専門学校非常勤講師。AHCA（アニマルヘルスケア協会）顧問。

人と動物の健康を考える会員制クラブ「Polepole Club」主宰。

関東、関西、福岡を中心に、本当の意味での犬と猫の病気の予防についてのセミナーを定期的に開催している。

また食に特化した少人数での特別セミナーを東京にて開催している。

主な著書に『ペットを病気にしない』（宝島社新書）、『愛犬を病気・肥満から守る健康ごはん』（ペガサス）、『フレンドの遺言状 それでもあなたはワクチンを打ちますか？』（文芸社）、『もう迷わない！　ペットの健康ごはん』（コロ出版）などがある。


シッポの「願い」 聞こえていますか？　犬猫の声

2021年2月15日　初版第1刷発行
2023年2月10日　初版第2刷発行

著　者　本村 伸子
発行者　瓜谷 綱延
発行所　株式会社文芸社
〒160-0022　東京都新宿区新宿1－10－1
電話　03-5369-3060（代表）
03-5369-2299（販売）

印刷所　図書印刷株式会社

ISBN978-4-286-22307-0